建筑工人（装饰装修）技能培训教程

涂 裱 工

本书编委会 编

中国建筑工业出版社

图书在版编目（CIP）数据

涂裱工/《涂裱工》编委会编. —北京：中国建筑工业出版社，2017.4
建筑工人（装饰装修）技能培训教程
ISBN 978-7-112-20431-1

Ⅰ.①涂… Ⅱ.①涂… Ⅲ.①工程装修-涂漆-技术培训-教材②工程装修-裱糊工程-技术培训-教材 Ⅳ.①TU767

中国版本图书馆CIP数据核字（2017）第037142号

建筑工人（装饰装修）技能培训教程
涂 裱 工
本书编委会 编

*

中国建筑工业出版社出版、发行（北京海淀三里河路9号）
各地新华书店、建筑书店经销
霸州市顺浩图文科技发展有限公司制版
北京云浩印刷有限责任公司印刷

*

开本：850×1168毫米 1/32 印张：7⅛ 字数：190千字
2017年8月第一版 2017年8月第一次印刷
定价：**19.00**元
ISBN 978-7-112-20431-1
（29944）

本书包括：常用涂饰材料及工具，配制涂裱材料，基层处理及翻新，涂饰施工的基本操作技能，涂饰施工操作，壁纸、墙布及装饰贴膜裱糊操作，软包施工操作，玻璃裁割加工及安装等8章内容。

本书可作为各级职业鉴定培训、工程建设施工企业技术培训、下岗职工再就业和农民工岗位培训的理想教材，亦可作为技工学校、职业高中、各种短训班的专业读本。

本书可供涂裱工现场查阅或上岗培训使用，也可作为现场编制施工组织设计和施工技术交底的蓝本，为工程设计及生产技术管理人员提供帮助，也可以作为大专院校相关专业师生的参考读物。

责任编辑：郦锁林　张　磊
责任设计：李志立
责任校对：陈晶晶　焦　乐

本书编委会

主编： 王景文　张延芝

参编： 贾小东　姜学成　姜宇峰　孟　健　齐兆武
王　彬　王春武　王继红　王立春　王景怀
吴永岩　魏凌志　杨天宇　于忠伟　张会宾
周丽丽　祝海龙　祝教纯

前　　言

随着社会的发展、科技的进步、人员构成的变化、产业结构的调整以及社会分工的细化，工程建设新技术、新工艺、新材料、新设备，不断应用于实际工程中，我国先后对建筑材料、建筑结构设计、建筑施工技术、建筑施工质量验收等标准进行了全面的修订，并陆续颁布实施。

在改革开放的新阶段，国家倡导“城镇化”的进程方兴未艾，大批的新生力量不断加入工程建设领域。目前，我国建筑业从业人员多达4100万，其中有素质、有技能的操作人员比例很低，为了全面提高技术工人的职业能力，完善自身知识结构，熟练掌握新技能，适应新形势、解决新问题，2016年10月1日实施的《建筑装饰装修职业技能标准》JGJ/T 315—2016对涂裱工的职业技能提出了新的目标、新的要求。

了解、熟悉和掌握施工材料、机具设备、施工工艺、质量标准、绿色施工以及安全生产技术，成为从业人员上岗培训或自主学习的迫切需求。活跃在施工现场一线的技术工人，有干劲、有热情、缺知识、缺技能，其专业素质、岗位技能水平的高低，直接影响工程项目的质量、工期、成本、安全等各个环节，为了使涂裱工能在短时间内学到并掌握所需的岗位技能，我们组织编写了本书。

限于学识和实践经验，加之时间仓促，书中如有疏漏、不妥之处，恳请读者批评指正。

目　　录

1 常用涂饰材料及工具

建筑涂料是指涂覆于建筑物表面，并能与建筑物表面材料很好地粘结，形成完整涂膜的材料。主要起到装饰和保护被涂覆物的作用，防止来自外界物质的侵蚀和损伤，提高被涂覆物的使用寿命；并可改变其颜色、花纹、光泽、质感等，提高被涂覆物的美观效果。有些建筑涂料还具有防火、防霉、抗菌、耐候、耐污等特殊功能。

1.1 常用涂饰材料

1.1.1 建筑涂料的分类

建筑涂料种类较多、色彩多样、质感丰富、易于维修翻新。建筑装饰涂料分类有多种形式，主要分类见表1-1。建筑涂料的分类、成分、品种、特点及适用范围，见表1-2。

建筑装饰涂料的主要分类　　表1-1

序号	分类	类型
1	按涂料在建筑的不同使用部位分类	外墙涂料、内墙涂料、地面涂料、顶面涂料、屋面涂料等
2	按使用功能分类	多彩涂料、弹性涂料、抗静电涂料、耐洗涂料、耐磨涂料、耐温涂料、耐酸碱涂料、防锈涂料等
3	按成膜物质的性质分类	有机涂料（如聚丙烯酸酯外墙涂料），无机涂料（如硅酸钾水玻璃外墙涂料），有机、无机复合型涂料（如硅溶胶、苯酸复合外墙涂料）等
4	按涂料溶剂分类	水溶性涂料、乳液型涂料、溶剂型涂料、粉末型涂料等
5	按施工方法分类	浸渍涂料、喷涂涂料、涂刷涂料、滚涂涂料等

续表

序号	分类	类型
6	按涂层作用分类	底层涂料、面层涂料等
7	按装饰质感分类	平面涂料、砂面涂料、立体花纹涂料等
8	按涂层结构分类	薄涂料、厚涂料、复层涂料等

建筑涂料的分类、品种、特点及适用范围　　表 1-2

分类		品种	特点	适用范围
有机涂料	溶剂型涂料	丙烯酸酯类溶剂型涂料、聚氨酯丙烯酸酯复合型涂料、聚酯丙烯酸酯复合型涂料、有机硅丙烯酸酯复合型涂料、聚氨酯类溶剂型涂料、聚氨酯环氧树脂复合型涂料、过氯乙烯溶剂型涂料、氯化橡胶建筑涂料	涂膜细腻、光洁、坚韧，有较好的硬度、光泽、耐水和耐候性。但易燃、涂膜透气性差，价格较高	一般用于大型厅堂、室内走道、门厅
	水溶性涂料	聚乙烯醇类建筑涂料、耐擦洗仿瓷涂料	原材料资源丰富。可直接溶于水中，价格较低，无毒、无味、耐燃，但耐水性较差、耐候性不强、耐洗刷性也较差	一般用于室内。也用于涂刷浴室、厨房内墙及建筑物内的一般墙面
	乳液型涂料（又称乳胶漆）	聚醋酸乙烯乳液涂料、丙烯酸酯乳液涂料、苯乙烯-丙烯酸酯共聚乳液（苯丙）涂料、醋酸乙烯-丙烯酸酯共聚乳液（乙丙）涂料、醋酸乙烯-乙烯共聚乳液（VAE）涂料、氯乙烯-偏氯乙烯共聚乳液（偏氯）涂料、环氧树脂乳液涂料、硅橡胶乳液涂料	价格便宜，对人体无害，有一定的透气性，耐擦洗性较好	室内、外均可
无机涂料	水溶性涂料	无机硅酸盐水玻璃类涂料、硅溶胶类建筑涂料、聚合物水泥类涂料、粉刷石膏抹面材料	资源丰富、保色性好、耐久性长、耐热、不燃、无毒、无味，但耐水性差、涂膜质地疏松，易起粉。是最早应用的一类涂料	室内墙面

续表

分类	品种	特点	适用范围
复合涂料	丙烯酸酯乳液＋硅溶胶复合涂料、苯丙乳液＋硅溶胶复合涂料、丙烯酸酯乳液＋环氧树脂乳液＋硅溶胶复合涂料	相互取长补短，是最早应用的一类涂料	室内墙面
硅藻泥	—	绿色环保、净化空气、防火阻燃、呼吸调湿、吸声降噪、保温隔热等	室内墙面

1.1.2 常用水溶性建筑涂料

水溶性建筑涂料的品种分为有机和无机两大类，前者主要是聚乙烯醇内墙涂料，后者主要是硅酸盐类，即以钠水玻璃或钾水玻璃为成膜物质的双组分外墙涂料和以硅溶胶为基料的内、外墙涂料。

1. 聚乙烯醇类水溶性内墙涂料

聚乙烯醇类水溶性内墙涂料是以聚乙烯醇树脂及其衍生物为主要成膜物质，混合一定量颜料、填料、助剂及水经研磨混合均匀而成的一种水性内墙涂料。

（1）聚乙烯醇水玻璃内墙涂料：是以聚乙烯醇树脂水溶液和水玻璃为基料，混合一定量的着色颜料、体质颜料及少量表面活性剂，制成的一种水溶性内墙涂料。产品的特点如下：

1）本涂料属于水性类型，无毒、无嗅、耐燃。

2）配制工艺简单，设备要求条件不高，生产上马快，施工方便。

3）涂膜表面光洁平滑，能配制成多种色彩，与墙面基层有一定的粘结力，具有一定的装饰效果。

4）原材料资源丰富，价格低廉。

5）涂层耐水洗刷性较差，涂膜表面不能用湿布擦洗。

6）涂膜表面容易产生脱粉现象。

（2）聚乙烯醇-灰钙粉建筑涂料：以聚乙烯醇为主要成膜物质并大量使用活性填料——灰钙粉制造的建筑涂料，通常称为聚乙烯醇-灰钙粉涂料，其特征是涂膜强度高，耐水性好，耐热水及耐湿热蒸汽更好，很适合于有特殊要求的内用场合，例如厨房、浴室使用，成为水溶性建筑涂料的一个重要品种。

2. 硅酸盐无机涂料

无机建筑涂料大致可分为碱金属硅酸盐系、硅溶胶系、水泥系等几类。

（1）碱金属硅酸盐系涂料：俗称水玻璃涂料，这是以硅酸钾、硅酸钠为胶粘剂的一类涂料。通常由胶粘剂、固化剂、颜料、填料及分散剂搅拌混合而成。目前主要产品随着水玻璃的类型不同，大致可以分为钾水玻璃涂料、钠水玻璃涂料、钾钠水玻璃涂料三种。碱金属硅酸盐系涂料的特点如下：

1）具有优良的耐水性，如钾水玻璃外墙涂料能在水中浸泡60d以上涂膜无异常。

2）具有优良的耐老化性能，其抗紫外线照射能力比一般有机树脂涂料优异，因而适宜用做外墙装饰。

3）具有优良的耐热性，在600℃温度下，不燃。

4）涂膜耐酸、耐碱、耐冻融、耐污染等性能良好。

5）无毒、无味，施工方便。

6）涂料原材料资源丰富，价格较低。

（2）硅溶胶外墙涂料：是以胶体二氧化硅为主要胶粘剂，加入成膜助剂、增稠剂、表面活性剂、分散剂、消泡剂、体质颜料、着色颜料等多种材料经搅拌、研磨、调制而成的水溶性建筑涂料。其特点如下：

1）无毒无味，不污染环境。

2）施工性能好，宜于刷涂，也可以喷涂、滚涂、弹涂。

3）遮盖力强，涂刷面积大。

4）涂膜致密、坚硬，耐磨性好，可用水砂纸打磨抛光。

5）涂膜不产生静电，不易吸附灰尘，耐污染性好。

6）涂膜对基层渗透力强，附着性好。

7）涂膜是以胶体二氧化硅形成的无机高分子涂层，耐酸、耐碱、耐沸水、耐高温、耐久性好。

施工应注意的事项：正温存放，施工温度应高于5℃；涂刷前应搅拌均匀，防止填料沉淀；水泥砂浆、混凝土新基层必须养护7d以上才能进行施工。

（3）水泥系外墙涂料

水泥系外墙涂料，常用的有大白浆、白水泥石灰浆、石灰浆、可赛银浆、色粉浆、油粉浆、聚合物水泥系涂料、避水色浆、彩色水泥浆、钛白粉色浆、银粉子色浆等。现介绍聚合物水泥系涂料。

聚合物水泥系涂料是将有机高分子材料掺入水泥中，组成有机、无机复合的聚合物水泥涂料。其主要组成是水泥、高分子材料、颜料和助剂等。因涂料中的水泥是碱性材料，在选择加入聚合物水泥涂料中的颜料时，要求耐碱性能、耐候性好，价格便宜，通常采用氧化铁、炭黑、氧化钛、氧化铬等无机颜料。

如果夏季施工，为了延长凝结时间，可加入缓凝剂（如木质素磺酸钙），加量约为水泥重的0.1%～0.2%。

因水泥涂料易被污染，为了延缓其被污染的速度，可加入疏水剂（如甲基硅醇钠）作为涂层面，也可直接掺入涂料混合物中。

1.1.3 常用溶剂型涂料

溶剂型涂料是以高分子合成树脂为主要成膜物质，有机溶剂为稀释剂，加入一定量的颜料、填料以及助剂，经混合、搅拌溶解、研磨而配制成的一种挥发性涂料。近年来，发展起来的溶剂型丙烯酸酯外墙涂料，其耐候性、装饰性都很突出。

1. 丙烯酸酯墙面涂料

丙烯酸酯墙面涂料是以热塑性丙烯酸酯合成树脂为主要成膜物质，加入溶剂、颜料、填料、助剂等，经研磨而制成的一种溶剂挥发型涂料。

丙烯酸酯墙面涂料是建筑墙面装饰用的优良品种，使用寿命估计可达 10 年以上，是目前国内外建筑涂料工业主要的外墙涂料品种之一，与丙烯酸酯乳液涂料同时广泛应用，目前主要用于外墙复合涂层的罩面材料。

本品的特点如下：

(1) 涂料耐候性良好，在长期光照、日晒雨淋的条件下，不易变色、粉化或脱落。

(2) 对墙面有较好的渗透作用，结合牢度好。

(3) 使用时不受温度限制，即使在 0℃以下的严寒季节施工，也可很好地干燥成膜。

(4) 施工方便，可采用刷涂、滚涂、喷涂等施工工艺，可以按用户要求配制成各种颜色。

2. 丙烯酸酯复合型建筑涂料

丙烯酸酯树脂建筑涂料具有许多优良的性能，但其性能也存在一定的不足，其最主要的是涂膜的耐热性不良。但是，根据丙烯酸酯树脂和许多树脂有良好的混溶性的特点，可将丙烯酸酯树脂和其他能够相混溶的树脂进行复合，从而弥补其性能上的不足，或提高其性能。目前常见的丙烯酸酯复合型涂料主要有聚氨酯丙烯酸酯建筑涂料、聚酯丙烯酸酯建筑涂料和有机硅丙烯酸酯建筑涂料等几种。

(1) 聚氨酯丙烯酸酯复合型建筑涂料：是由耐候性能优良的甲基丙烯酸甲酯、丙烯酸丁酯和含羟基丙烯酸酯等单体经溶液聚合而成的丙烯酸酯树脂与脂肪族二异氰酸酯预聚体固化交联的复合树脂为主要成膜物质，添加颜料、填料、助剂，经研磨配制而成的溶剂型双组分涂料。本品具有非常优异的耐光、耐候性，在室外紫外线照射下不分解、不粉化、不黄变，是性能优良的外墙建筑涂料。

(2) 聚酯丙烯酸酯复合型建筑涂料：以聚酯丙烯酸酯树脂为基料而配制成的户外耐候性涂料。这种复合型树脂合成的涂料为单组分，施工方便，涂膜具有强度高、耐污染性好等特点。但耐黄变性不良是其不足，故不宜制成纯白色涂料。

（3）有机硅丙烯酸酯涂料：由耐候性、耐沾污性优良的有机硅改性丙烯酸酯树脂为主要成膜物质，添加颜料、填料、助剂组成的优质溶剂型涂料。适用于高级公共建筑和高层住宅建筑外墙面的装饰，其使用寿命估计可达到10年以上。其特点如下：

1）涂料渗透性好。

2）涂料的流平性好，涂膜表面光洁，耐污染性好，易清洁。

3）涂层耐磨损性好。

4）施工方便，可采用刷涂、滚涂或喷涂等施工工艺。

施工时注意的事项：一般要求基层水分含量要小于8%；一般要涂刷两道，每道间隔时间可在4h左右；涂料施工时，挥发出易燃的有机溶剂，应注意保护措施，特别应注意防火。

3. 聚氨酯系墙面涂料

聚氨酯系墙面涂料是以聚氨酯树脂或聚氨酯与其他树脂复合物为主要成膜物质，添加颜料、填料、助剂组成的优质外墙涂料，主要品种有聚氨酯-丙烯酸酯树脂复合型建筑涂料等。

（1）聚氨酯丙烯酸酯外墙涂料：施工时要求基层干燥，含水率应小于8%；可采用刷涂、滚涂、喷涂施工；双组分涂料应按生产厂规定的比例精确称量拌匀后使用，涂料要随配随用；配好的涂料应在规定的时间内（一般在4～6h内）用完。

（2）聚氨酯聚酯仿瓷墙面涂料：为涂剂型内墙涂料，其涂层光洁度非常好，类似瓷砖状，适用于工业厂房车间、民用住宅卫生间及厨房的内墙与顶棚装饰。

（3）聚氨酯环氧树脂涂料：也称瓷釉涂料，在建筑物内外墙、地面、厨房、卫生间、浴池、水池等部位应用广泛。

1.1.4 常用乳液型涂料

以高分子合成树脂乳液为主要成膜物质的墙面涂料称为乳液型墙面涂料，是采用乳液型基料，将填料及各种助剂分散于其中而成的一种水性建筑涂料。

乳液型建筑涂料具有有机溶剂含量低、无毒、无污染、节约资源、施工方便、装饰效果好等特点，以及良好的耐水性、耐候性、抗污染性等理化性能，是目前应用十分广泛的一类中、高档建筑涂料，内外墙面均适用。

乳液型墙面涂料的品种主要分为水乳型合成树脂乳液涂料和合成树脂乳液涂料两大类，其中后者包括乳液薄型涂料（乳胶漆）、乳液厚涂料、砂壁状涂料等三类。目前大部分乳液型墙面涂料是由乳液聚合方法生产的乳液作为主要成膜物质。

乳液型墙面涂料的主要特点如下：

（1）以水作为分散介质，不会污染周围环境，不易发生火灾，对人体的毒性小。

（2）涂料透气性好，用于内墙装饰无结露现象。

（3）施工方便，可以刷涂、滚涂、喷涂，施工工具可以用水清洗。

（4）涂膜耐水、耐碱、耐候等性能良好，其耐候性、耐水性、耐久性等性能可以与溶剂型丙烯酸酯墙面涂料媲美。

（5）目前乳液型外墙涂料存在的问题是其在太低的温度下不能形成优质的涂膜，通常必须在10℃以上施工才能保证质量，在冬天一般不宜应用。

1. 合成树脂乳液薄质涂料（乳胶漆）

（1）乙（醋）丙乳液涂料：该涂料是以醋酸乙烯-丙烯酸酯共聚物乳液为主要成膜物，加入颜料、填料、助剂等制成。这种涂料施工性均较好，喷、涂、刷涂都能取得良好的效果。缺点是最低成膜温度较高，能施工的季节较短，一般用于外墙装饰。

（2）苯丙乳液涂料：该涂料是以苯乙烯-丙烯酸酯共聚物乳液为主要成膜物，加入颜料、填料、助剂等制成。分为平面薄质涂料、云母粒状薄质涂料、着色砂涂料、薄抹涂料、轻质厚层涂料（后三种涂料中不加着色颜料）、复层涂料等不同质感的品种。该类涂料的耐水、耐碱、耐老化、粘结强度等性能均较好。

丙苯乳胶涂料施工注意事项：施工时若涂料太稠，可加入少量水稀释，施工温度在 20℃左右时，前后两道涂料施工时间间隔不小于 4h；一般施工温度不低于 10℃，湿度不大于 85%。

(3) 丙烯酸酯乳胶漆：又称纯丙烯酸聚合物乳胶漆。是由甲基丙烯酸甲酯、丙烯酸丁酯、丙烯酸乙酯等丙烯酸系单体加入乳化剂、引发剂等，经过乳液聚合反应而制得纯丙烯酸酯浮液，以该乳液为主要成膜物质，加入颜料、填料及其他助剂，经分散、混合、过滤而成的乳液型涂料。是优质的内、外墙乳液涂料。

纯丙烯酸酯系乳胶漆在性能上较其他共聚乳胶漆好，其最突出的优点是涂膜光泽柔和，耐候性与保光性、保色性都很优异，但其价格较其他共聚乳液涂料贵。

丙烯酸酯内墙乳胶漆则常采用增加涂料中乳液的含量来配制有光乳胶漆。纯丙乳液具有优良的耐候性和光泽，因而可用来配制高级半光及有光内墙乳胶漆，高级丙烯酸酯内墙乳胶漆光泽大于 70%。纯丙乳胶漆施工温度应在 5℃以上，刷、滚、喷等施工方法均可。

(4) 醋酸乙烯乳胶漆：该涂料由醋酸乙烯均聚乳液加入颜料、填料以及各种助剂，经过研磨或分散处理而制成的一类乳液涂料。其特点如下：

1) 以水作分散介质，无毒，不易燃烧。

2) 涂料细腻，涂膜细洁、平滑、平光，色彩鲜艳，装饰效果良好。

3) 涂膜透气性良好，不易产生气泡。

4) 施工方法简便，施工工具容易清洗。

5) 价格适中，低于其他共聚乳液组成的乳胶漆。

6) 耐水性、耐碱性、耐候性较其他共聚乳液差，适宜涂刷内墙，不宜作外墙涂料应用。

施工时注意事项：不能用油漆、油墨、水彩画颜料及群青等调色，也不能用溶剂汽油稀释，施工时若太稠可加入少量清洁的自来水稀释；施工温度大于 10℃。

(5) 乙-乙（醋）乳液涂料：该涂料以乙烯-醋酸乙烯共聚物

(VAE) 乳液为主要成膜物，加入颜料、填料、助剂等制成。目前仅有平面薄质涂料（乳胶漆）。该涂料具有较好的耐水、耐碱、耐洗刷等性能，粘结力较强，能用于较潮湿的水泥砂浆以及黏土砖、加气混凝土、木材等基层。

2. 合成树脂乳液厚质涂料

乙-丙乳液厚涂料是由醋酸乙烯－丙烯酸酯共聚物乳液为主要成膜物质，掺入一定粗骨料组成的一种厚质外墙涂料。本品为一种中档的建筑外墙涂料。

施工时，气温应高于 15℃，两遍间隔约 30min。

3. 彩色砂壁状外墙涂料

彩色砂壁状涂料又称彩砂涂料，是以合成树脂乳液和着色骨料为主体，外加增稠剂及各种助剂配制而成。由于采用高温烧结的彩色砂粒、彩色陶瓷粒或天然带色石屑作为骨料，使制成的涂层具有丰富的色彩及质感，其保色性及耐候性比其他类型的涂料有较大的提高，估计耐久性 10 年以上。其特点如下：

（1）涂料不易褪色，质感强，装饰性能极其优良。

（2）涂料耐久性、耐候性能良好。

（3）采用喷涂方法施工，涂装工效高，施工周期短。

采用喷涂施工，局部亦可刷涂。喷枪出口直径 5mm 以上，工作压力 0.6～0.8MPa。

4. 水乳型合成树脂乳液涂料

水乳型合成树脂乳液外墙涂料是由合成树脂配以适当的乳化剂、增稠剂、水，通过高速机械搅拌分散而成的稳定乳状液为主要成膜物质，加入颜料、填料、助剂配制而成的一类外墙涂料，这类涂料以水为分散介质，无毒无味，生产施工较安全，对环境污染较少，目前国内主要用于外墙装饰。

1.1.5 其他常用建筑涂料

1. 复层涂料

复层涂料也称喷塑涂料、浮雕涂料、凹凸涂层涂料等，是一种适用于内、外墙面，装饰质感较强的装饰材料。复层涂料是由封底层、底涂层、主涂层和罩光层（复层复色）所组成，有的罩面层采用高光泽的乳胶漆。

聚合物水泥系复层涂料（代号 CE），一般是以 108 胶（也可以是其他聚合物）为聚合物组分，和白色硅酸盐水泥（也可以是其他品种的水泥）复合而成，于喷涂前按一定的配方在现场调配，调配后的涂料不能再长时间存放，必须在规定的时间内用完，否则会因水泥的凝结硬化而报废。这类复层涂料的优点是成本低，但装饰效果及耐用期限均不理想，属于复层涂料中的低档产品。

硅酸盐类复层涂料（代号 Si），一般是以硅溶胶作为主要基料，复合少量的聚合物树脂。该类复层涂料具有施工方便、固化速度快、不泛碱、粘结力强等特点。

合成树脂乳液类复层涂料（代号 E），以苯丙乳液为主要基料配制而成，这类涂料的主要特征是装饰效果好，与各种墙面的粘结强度高，耐水、耐碱性能好，内、外墙面都适用等特点。

反应固化型合成树脂乳液类复层涂料（代号 RE），目前主要是以双组分的环氧树脂乳液为主要基料配制而成，喷涂前需在施工现场混合均匀，应在要求的时间内将混合后的产品用完。

2. 云彩内墙涂料

云彩内墙涂料又名梦幻内墙涂料，其装饰效果绚丽多彩。云彩涂料是由基料、颜（填）料和助剂等基本涂料组分组成，但云彩涂料更注重涂装技术。除具有一般内墙涂料的特点外，其施工方法可以喷、滚、刮、抹涂，色彩可以现场调配，任意套色；涂层耐磨、耐洗刷性好。

云彩涂料一般由底、中、面三层组成。底层采用耐碱且与基层粘附力好的涂料；中层为水性涂料，可采用多种不同色彩；面层可采用丝质、珠光、闪光彩色涂料。

3. 砂壁状涂料

多用于外墙涂饰。根据所用基料的种类不同，砂壁状建筑涂料可以分为有机型和无机型两类。无机型砂壁状建筑涂料主要是以硅溶胶为基料配制的，但由于单独使用硅溶胶配制时其附着力不能满足要求，因而常常与合成树脂乳液复合使用。有机型砂壁状建筑涂料又可分为溶剂型和合成树脂乳液型两大类，溶剂型是以溶剂型树脂（如氧化橡胶树脂溶液）为基料，最常用则是合成树脂乳液类和合成树脂乳液与硅溶胶复合类。

4. 绒面内墙涂料

绒面内墙涂料又称仿绒面装饰涂料，是由带色的直径 40μm 左右的小粒子和丙烯酸酯乳液、助剂组成的，涂层优雅，手感柔软，有绒面感，涂层耐水耐碱、耐洗刷性好。

涂饰时应注意的事项如下：

（1）待装饰的墙面用白水泥一聚合物乳液腻子批刮平整，墙面含水率要低于 10%才能进行下道工序。

（2）用乳胶漆进行封底，待 24h 之后方能进行面涂装。

（3）如涂料黏度过大，可以加入 5%～10%的清水进行稀释，再进行搅拌均匀。

（4）采用喷涂工艺，喷嘴口径为 1.2～1.5mm，压力保持约 0.4MPa，枪与被涂面距离为 20～30cm，角度保持 90°，垂直和水平移动交叉喷涂两道，两道之间间隔时间不超过 10min。

（5）高温太阳直射时，免涂。冬季涂饰温度不应低于 5℃。

5. 纤维质内墙涂料

纤维质内墙涂料是由纤维质材料为主要填料，添加胶粘剂、助剂等组成的一种纤维状质感的内墙装饰涂料。属纤维型乳胶系抹涂涂装的特殊涂料品种，具有独特的立体感，并具有吸声、透气、防霉、阻燃等特性。

6. 负离子内墙涂料

负离子内墙涂料是国家 863 计划产品。其功能特性是：持续永久地释放负离子，能净化室内空气，防菌防霉，保持室内空气清新。该种涂料可采用刷涂、喷涂、滚涂，一般涂饰 2～3 道。

1.1.6 常用腻子

腻子是用于平整物体表面的一种装饰材料，直接涂施于物体或底涂上，用以填平被涂物表面上高低不平的部分。装饰所用腻子宜采用符合《建筑室内用腻子》JG/T 298—2010 要求的成品腻子，成品腻子粉规格一般为 20kg 袋装。如采用现场调配的腻子，应坚实、牢固，不得粉化、起皮和开裂。

按其性能可分为耐水腻子、821 腻子、掺胶腻子。一般常用腻子根据不同的工程项目和用途可分为两类：

（1）胶老粉腻子：由老粉、化学胶、石膏粉、骨胶配制而成，用于水性涂料平顶内施工。

（2）胶油面腻子：由油基清漆、干老粉、化学胶、石膏粉配制而成，用于原油漆的平顶墙面。

1.2 常用涂饰工具

1.2.1 基层处理工具

1. 常用基层处理手工工具

常用基层处理手工工具，见表 1-3。

常用基层处理手工工具　　　　表 1-3

序号	工具名称	图例	用途
1	铲刀		清除旧壁纸、旧漆膜或附着的松散物
2	刮刀		清除旧油漆或木材上的斑渍
3	斜面刮刀		刮除凸凹线脚、檐板或装饰物上的旧漆碎片，一般与涂料清除剂或火焰烧除器配合使用。 还可用于清理灰浆表面裂缝

续表

序号	工具名称	图例	用途
4	剁刀		铲除嵌缝中的旧玻璃、油灰等
5	锤子		与剁刀配合清除大片锈皮； 与冲子配合将钉帽钉入涂饰面
6	冲子		将木材表面的钉帽冲入，以便涂刮腻子
7	钢丝刷		清除基层铁锈、斑渍及松散的沉积物
8	掸灰刷		清扫被涂饰面上的浮尘

2. 常用基层处理小型机具

常用基层处理小型机具，见表 1-4。

常用基层处理小型机具　　　　表 1-4

序号	工具名称	图例	用途
1	圆盘打磨器		打磨细木制品表面、地板面和油漆面，也可用来除锈，并能在曲面上作业
2	旋转钢丝刷		清除金属面的铁锈或酥松的旧漆膜； 工作时须戴防护眼镜，不得在易燃环境中使用； 在易爆环境中，必须使用磷青铜刷子

序号	工具名称	图例	用途
3	钢针除锈枪	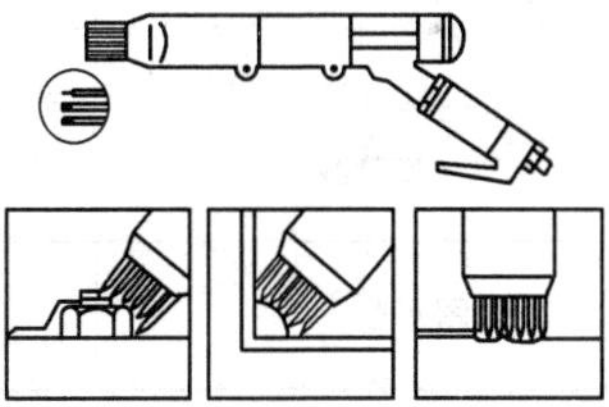	用于处理基层凸凹不平的表面和畸角部位铁锈、污渍。也可用于铁艺制品和石制品的除锈； 工作时须戴防护眼镜，不得在易燃环境中使用
4	瓶装型气炬	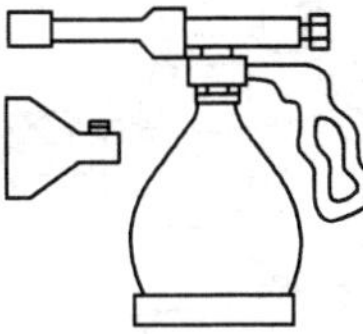	利用火炬产生的热量使漆膜变软，然后用铲刀或刮刀清除； 操作人员须佩戴防护面罩、手套、防护眼镜等；现场不能有易燃易爆材料和物品
5	罐装型气炬		
6	管道供气型气炬	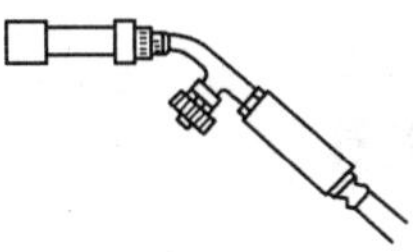	
7	火焰清除器	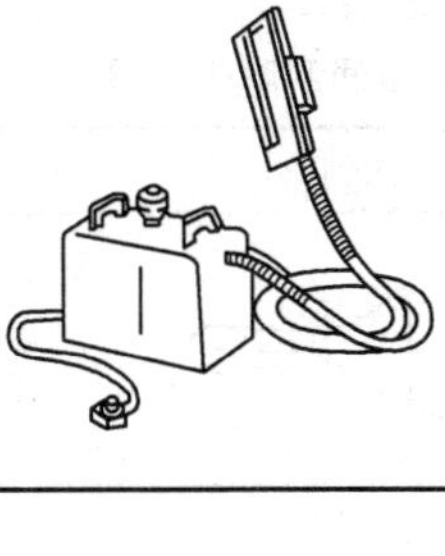	金属构架、罐体、铁路桥梁等大型金属构件的除锈； 操作人员须佩戴防护面罩、手套、防护眼镜等；现场不能有易燃易爆材料和物品

续表

序号	工具名称	图例	用途
8	热吹风刮漆器		用于旧的或易损伤的表面及易着火的旧建筑物的涂膜清除
9	蒸汽剥除器	图 1-1	可清除墙面、顶棚上的涂料、壁纸、胶粘剂等

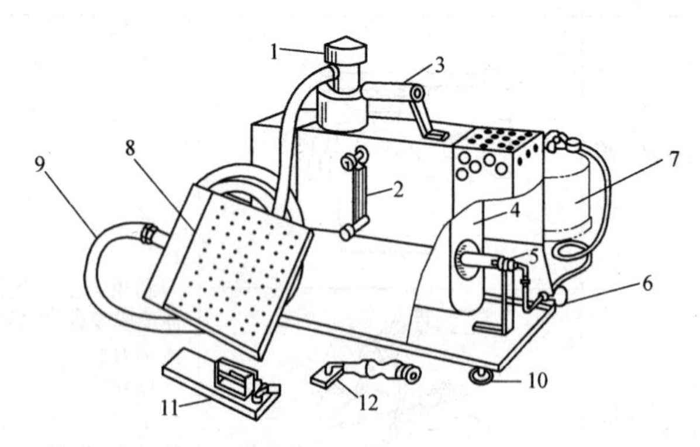

图 1-1　蒸汽剥除器

1—加水器和安全盖；2—水位计；3—提手；4—水罐；5—火焰喷嘴；6—控制阀；7—高压气缸；8—聚能器（510mm×300mm）；9—耐蒸汽胶管；10—滚轮；11—聚能器（510mm×75mm）；12—剥除器（仅用于水性涂料）

1.2.2　常用涂饰施工工具

1. 常用调刮腻子工具

常用调刮腻子工具，见表 1-5。

常用调刮腻子工具　　**表 1-5**

序号	工具名称	图例	用途
1	腻子刮铲		刮腻子，嵌补孔眼缝隙时，先用刀头嵌满填实，再用铲刀压紧腻子来回收刮

续表

序号	工具名称	图例	用途
2	油灰(腻子)刀		将腻子填塞进窄缝或小孔中;镶玻璃时,可将腻子刮成斜面
3	托板		调和及承托腻子等各种填充料,在填补大缝隙和孔穴时用它盛砂浆
4	钢刮板		硬刮板能压碎和刮掉前层腻子的干渣并耐用,主要用于刮涂头几遍腻子; 软刮板主要用于刮涂平面最后一遍光腻子
5	锻木顺用刮板		大刮板用于刮涂大平面,中刮板用于刮涂凹凸不平的头两遍腻子,小刮板用于找补腻子
6	锻木横用刮板		刮涂大平面和圆棱、圆柱
7	牛角刮板		用于找补腻子和刮涂钉眼等
8	橡胶刮板		厚胶皮刮板既适于刮平又适于收边(刮涂物件的边角称收边); 薄胶皮刮板适于刮圆

2. 常用刷涂工具

常用刷涂工具，见表 1-6。

常用刷涂工具　　表 1-6

序号	工具名称	图例	用途
1	平刷或清漆刷	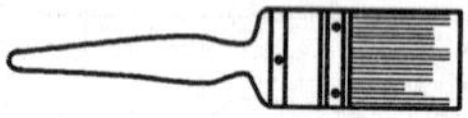	用于门窗表面和边框
2	墙刷	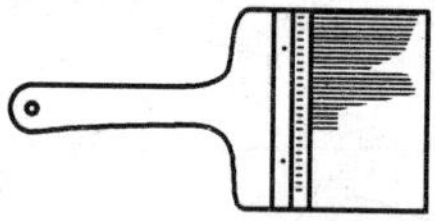	大面积上涂刷水性涂料或胶粘剂
3	板刷（底纹笔）		涂刷硝基清漆、聚氨酯清漆、丙烯酸清漆
4	清洗刷	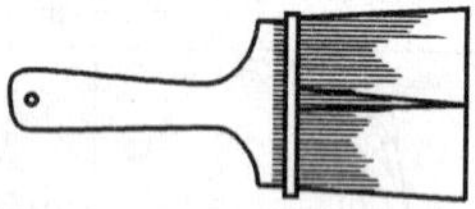	用于清洗或涂刷碱性涂料
5	剁点刷	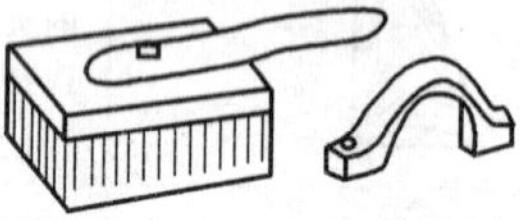	可用于涂刷面漆后，用它来拍打成有纹理的花样面
6	掸灰刷	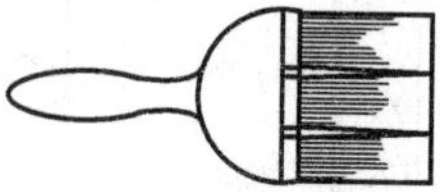	用于在涂饰前清扫表面灰尘或脏污
7	修饰刷	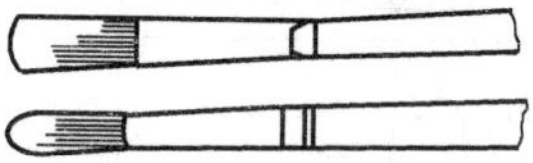	用于涂刷细小的不易刷到的工作面
8	漏花刷	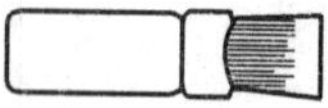	用于在雕刻的漏花印板上涂刷涂料，达到装饰效果或印字
9	长柄刷	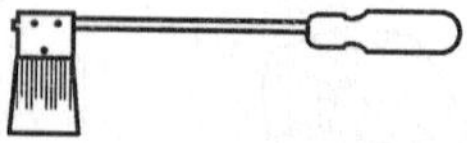	用于铁管或散热器的靠墙一面
10	画线刷		与直尺配合用于画线

续表

序号	工具名称	图例	用途
11	弯头刷		涂刷不易涂刷到的部位
12	压力送料刷	控制开关 可更换的刷头 涂料罐 涂料输出管	用在涂刷钢铁构件或其他大面积
13	排笔	刷浆时拿法 蘸浆时拿法	适于涂刷黏度较低的涂料，如粉浆、水性内墙涂料、乳胶漆、虫胶漆、硝基漆、聚酯漆、丙烯酸漆的涂刷

油刷是手工涂刷的主要工具。油刷刷毛的弹性与强度比排笔大，故用于涂刷黏度较大的涂料，如酚醛漆、醇酸漆、酯胶漆、清油、调合漆、厚漆等油性清漆和色漆。

油刷的使用：油刷一般采用直握的方法，手指不要超过铁皮，如图 1-2 所示。手要握紧，不得松动。操作时，手腕要灵

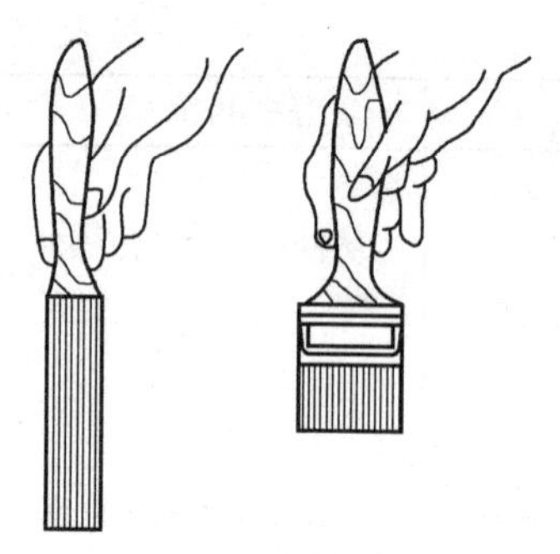

图 1-2　油刷的拿法

活，必要时可把手臂和身体的移动配合起来。使用新刷时，要先把灰尘拍掉，并在 1½号木砂纸上磨刷几遍，将不牢固的鬃毛擦掉，并将刷毛磨顺磨齐。这样，涂刷时不易留下刷纹和掉毛。蘸油时不能将刷毛全部蘸满，一般只蘸到刷毛的 2/3。蘸油后，要在油桶内边轻轻地把油刷两边各拍一二下，目的是把蘸起的涂料拍到鬃毛的头部，以免涂刷时涂料滴洒。在窗扇、门框等狭长物体上刷油时，要用油刷的侧面上油，上满后再用油刷的大面刷匀理直。涂刷不同的涂料时，不可同时用一把刷子，以免影响色调。使用过久的刷毛变得短而厚时，可用刀削其两面，使之变薄，还可再用。

刷子用完后，应将刷毛中的剩余涂料挤出，在溶剂中清洗两三次，将刷子悬挂在盛有溶剂或水的密封容器里，将刷毛全部浸在液面以下，但不要接触容器底部，以免变形，如图 1-3～图 1-5所示。使用时，要将刷毛中的溶剂甩净擦干。若长期不用，必须彻底洗净，晾干后用油纸包好，保存于干燥处。

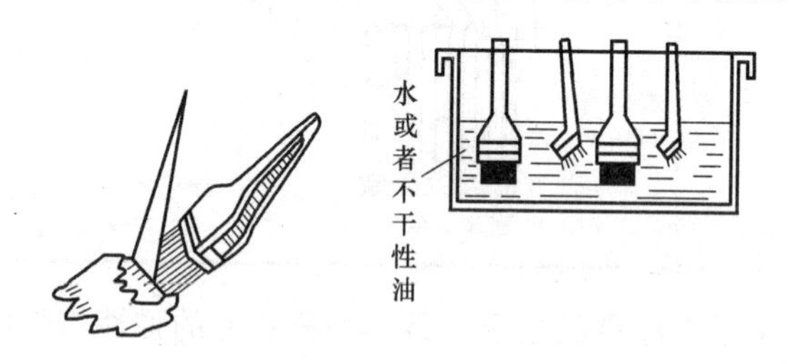

图 1-3　刷油性类涂料毛刷的处理

3. 常用滚涂工具

常用滚涂工具，见表 1-7。

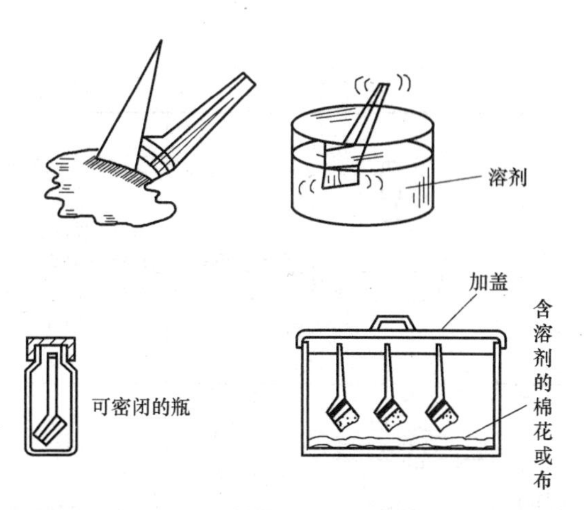

图 1-4　刷硝基纤维涂料和紫虫胶调墨漆（清漆）毛刷的处理

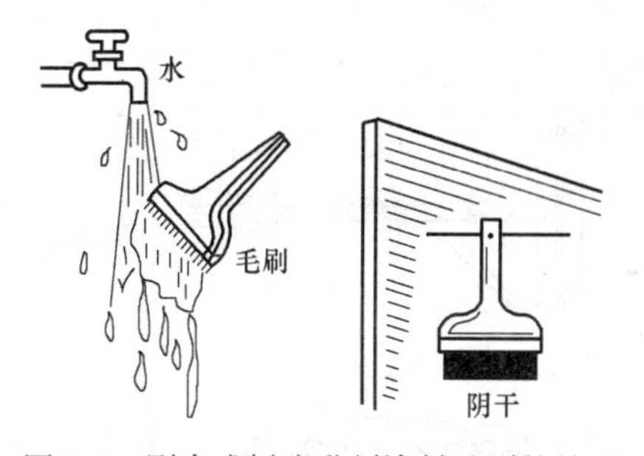

图 1-5　刷合成树脂乳剂涂料毛刷的处理

常用滚涂工具　　　　**表 1-7**

序号	工具名称	图例	规格及用途
1	普通辊	筒芯 支架 手柄 筒套 辊筒构造	（1）短毛辊（或毡辊）用于较光滑表面和有纹理表面的滚涂。 （2）中毛辊用于微粗表面的滚涂。 （3）中长毛辊用于滚涂无光墙面、顶棚及砖石等糙面。 （4）长毛辊用于滚涂极为粗糙的表面、钢丝网等。

续表

序号	工具名称	图例	规格及用途
1	普通辊	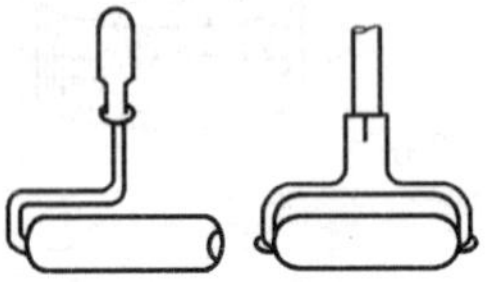 普通辊筒	(5)压花辊用于在涂层上压出相应的装饰花纹。 (6)普通辊应用广泛，选配短辊可涂小面和阴阳角；选配窄辊筒可涂门框、窗棂等细木构件
2	异形辊筒	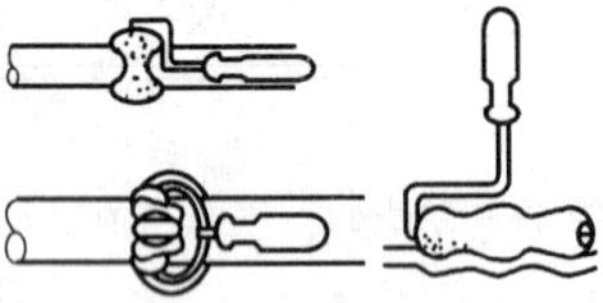	用于圆管、波浪形等弯曲表面； 选配铁饼型辊，可涂墙面或镶板中的凹槽
3	压力送料辊筒	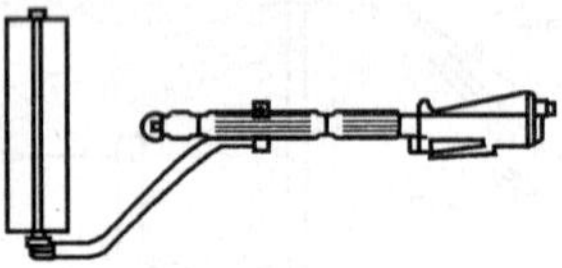	用于无法进行喷涂施工的环境，无喷逸
4	涂料底盘	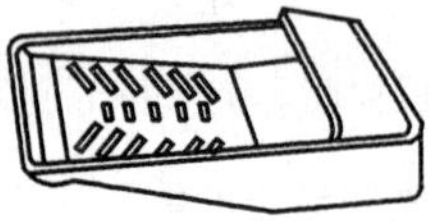	与辊筒配合使用
5	辊网	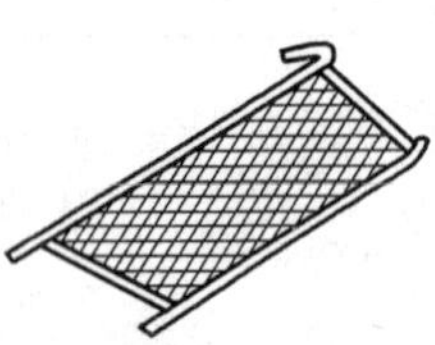	

4. 常用喷涂与弹涂设备

常用喷涂与弹涂设备，见表1-8。

常用喷涂与弹涂设备 **表 1-8**

序号	工具名称	图例	规格及用途
1	吸出式喷枪		用于小批量非连续喷涂或颜色变化多的场合，不适于高黏度涂料
2	对嘴式喷枪	出气嘴 出漆嘴 漆罐	同上
3	流出式喷枪		用于涂料用量少与换色频繁的作业场合； 受工作角度限制，量小，可用于喷涂图案、染色和小的工作面（如暖气片）及局部修整工作。不宜输送高黏度的涂料和大面积的喷涂
4	高压无气喷枪	见图 1-6	用于大面积、连续作业面喷涂
5	手动彩弹机	料斗 筒身 中轴 弹棒 摇把 木柄	用于浮雕涂料、石头漆等弹涂

续表

序号	工具名称	图例	规格及用途
6	电动彩弹机		用于浮雕涂料、石头漆等弹涂
7	空气压缩机		为喷枪的工作动力

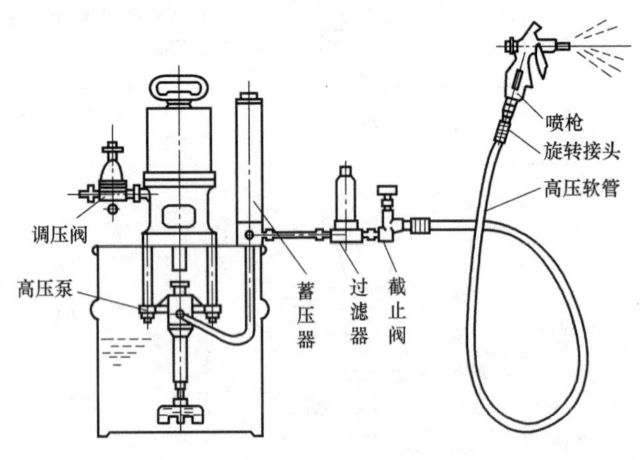

图 1-6　高压无气喷涂设备

5. 常用擦涂工具

常用擦涂工具，见表 1-9。

常用擦涂工具　　表 1-9

序号	工具名称	图例	用途
1	矩形涂料擦		用于擦涂顶棚、墙面、地板或粘结平坦基层的壁纸及木材面的染色擦涂
2	手套形涂料擦		擦涂铁栏杆、暖气片及水管等的背面
3	纱包		用于修饰涂膜，擦涂油漆，使用溶剂把涂膜赶光，以及用砂蜡退光和抛光
4	软细布		用途除与纱包类似外，还适用于木器着色和套色擦边。大绒布更适于涂膜的最后抛光
5	砂蜡		涂膜更加平整光滑、提高装饰效果，还能对涂膜起到一定的保护作用
6	上光蜡		

6. 常用打磨工具

常用打磨工具，见表 1-10。

常用打磨工具　　表 1-10

序号	工具名称	图例	用途
1	砂纸、砂布		见表 1-11，表 1-12
2	砂纸机		替代人工砂纸打磨

续表

序号	工具名称	图例	用途
3	圆盘打磨机		打磨细木制品表面、地板面和油漆面，也可用来除锈，并能在曲面上作业；如把磨头换上羊绒抛光布轮，可用于抛光；换上金刚砂轮，可用于打磨焊缝表面
4	手提电动砂轮机		又称电动角向磨光机，适用于位置受限制不便于普通磨光的场合。该机可配用多种工作头：粗磨砂轮、细磨砂轮、抛光轮、橡皮轮、切割砂轮、钢丝轮等，从而起到磨削、抛光、切割、除锈等作用
5	电动角向钻磨机		当把工作部分换上钻夹头，并装上麻花钻时，即可对金属等材料进行钻孔加工。如把工作部分换上橡皮轮，装上砂布、抛布轮时，可对制成品进行磨削或抛光加工。特别适用于空间位置受限制不便使用普通电钻和磨削工具的场合，可用于多种材料的钻孔、清理毛刺表面、表面砂光以及雕刻制品等
6	环行往复打磨机		对木材、金属、塑料或涂漆的表面进行处理和磨光
7	皮带打磨机		打磨大面积的木材表面；打磨金属表面的一般锈蚀物
8	打磨块		固定砂纸，使砂纸保持平面，便于研磨

砂纸、砂布的分类及用途　　表 1-11

种类	磨料粒度号数(目)	砂纸、砂布代号	用途
最细	240～320	水砂纸:400、500、600	清漆、硝基漆、油基涂料的层间打磨及漆面的精磨
细	100～220	玻璃砂纸:1、0、00 金刚砂布:1、0、00、000、0000 水砂纸:220、240、280、320	打磨金属面上的轻微锈蚀,涂底漆或封闭底漆前的最后一遍打磨
中	80～100	玻璃砂纸:1、1½ 金刚砂布:1、1½ 水砂纸:180	清除锈蚀物,打磨一般的粗面,墙面涂刷前的打磨
粗	40～80	玻璃砂纸:1½、2 金刚砂布:1½、2	对粗糙面、深痕及有其他缺陷的表面的打磨
最粗	12～40	玻璃砂纸:3、4 金刚砂布:3、4、5、6	打磨清除磁漆、清漆或堆积的漆膜及严重的锈蚀物

注：粒度（目）系指砂粒通过筛子时，筛子单位长度 1 英寸（in）面积内的孔数，它表明砂粒的细度。

砂纸、砂布的代号与粒度号数对照表　　表 1-12

铁砂布		木砂纸		水砂纸	
代号	磨料粒度号数(目)	代号	磨料粒度号数(目)	代号	磨料粒度号数(目)
0000	200 220	00	150 160	180	100 120
000	180	0	120 140	220	120 150
00	150 160	1	80 100	240	150 160
0	140 120	1½	60 80	280	180
1	100	2	46 60	320	220
1½	80	2½	36 46	400	240 260
2	60	3	30 36	500	280
2½	46	4	20 30	600	320

续表

铁砂布		木砂纸		水砂纸	
代号	磨料粒度号数(目)	代号	磨料粒度号数(目)	代号	磨料粒度号数(目)
3	36	—	—	—	—
3½	30	—	—	—	—
4	24 30	—	—	—	—
5	24	—	—	—	—
6	18		—	—	—

7. 常用美工涂饰工具

常用美工油漆工具，见表 1-13。

常用美工油漆工具　　表 1-13

序号	工具名称	图例	用途
1	缩放尺	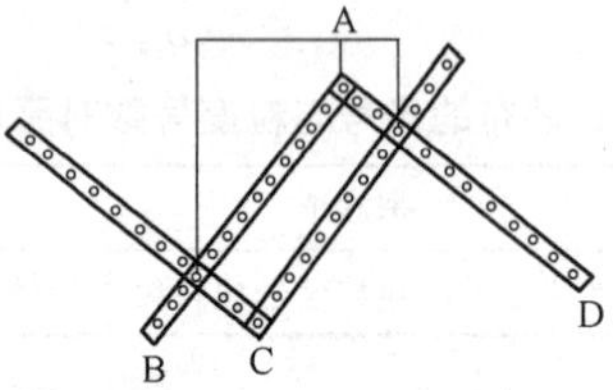	A—元宝螺钉； B—螺钉固定； C—插尖头竹笔孔； D—插铅笔孔 用于缩小或放大字样、花样等
2	弧形画线板	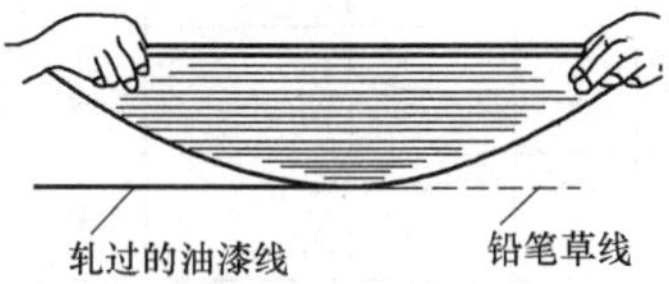	用于美工画直线
3	画线尺	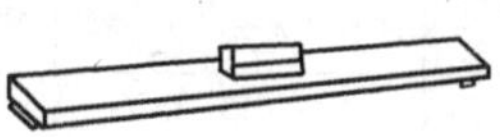	画线
4	金属漏板		大批量反复喷涂的花样和字样
5	硬纸漏板		小批量花样字样
6	丝绢漏板		用于细花小字
7	丝棉漏板		喷出过渡颜色，呈现大理石样的花纹

8. 常用涂料容器及过滤、搅拌用具

常用涂料容器及过滤、搅拌用具，见表1-14。

常用涂料容器及过滤、搅拌用具　　表1-14

序号	工具名称	图例	用途
1	一般涂料桶		盛装零散涂料
2	喷漆用小桶	外圈盖 倒油漆口	用于往喷枪里添加涂料
3	金属滤筛		用于过滤涂料
4	简易滤筛		用于过滤涂料
5	滤网		用于过滤涂料
6	搅拌棒		用于搅拌涂料
7	手提式涂料搅拌器		用于搅拌涂料
8	调料刀		用于在涂料罐里或托板上调拌涂料

2　配制涂裱材料

2.1　黏度的调配

成品涂料因生产、运输、贮存时间跨度较长，大多比较黏稠，使用时需加入稀释剂（简称稀料）。稀料的品种由涂料的成分决定。加入量应在基本稠度的基础上调整。实际使用的涂料稠度不能只靠黏度计来测定，而要根据油漆的性能、环境气候、施工场所、工具、涂饰对象、操作手法等来调配合适的稠度。

同时，涂料中的颜料一般都产生沉淀（清漆无沉淀，但放置时间长会增稠）。使用前最好将漆桶倒置过来，放上一两天，使沉淀的颜料松动，然后再开桶搅拌，使漆料和颜料调和均匀。如果有颗粒或漆皮，要用过滤网过滤。

2.1.1　稀释剂的选用

稀释剂是用各种溶剂，根据溶解力考虑挥发速度和对漆膜的影响等情况而配制的，所以使用时必须选择合适的稀释剂。对于不同类型的漆，究竟采用哪种稀释剂比较合适，需要根据涂料中所含的成膜物质的性质而定。稀释剂均系易燃危险品，要存放在空气流通、温度适宜的仓库中，并远离火源及热源，防止受强烈日光照射。

常用稀释剂举例说明如下：

（1）油基漆：如清油、各色厚漆、各色油性调和漆、红丹油性防锈漆等，一般采用200号溶剂汽油或松节油作稀释剂。如漆中树脂含量高或油含量低，就需将两者以一定比例配合使用或加点芳香烃溶剂，如二甲苯。

在油基漆中，常使用长油度、中油度和短油度来表示油漆品种中树脂和油料的相对含量的多少，即：树脂∶油的比在1∶2以下为短油度，1∶2～3为中油度，1∶3以上为长油度。

（2）硝基漆：如硝基外用清漆、硝基木器清漆、各色硝基磁漆等。硝基漆的稀释剂一般采用香蕉水（因成分中含有醋酸戊酯的香味而得名），如X－1、X－2等均是。它们由酯、酮、醇和芳香烃类溶剂组成，硝基漆稀释剂也可参见表2-1。

硝基漆稀释剂（重量比） **表2-1**

配比 组分	Ⅰ	Ⅱ	Ⅲ
醋酸丁酯	25	18	20
醋酸乙酯	18	14	20
丙酮	2	—	—
丁醇	10	10	16
甲苯	45	50	44
酒精	—	8	—

（3）醇酸树脂漆：如醇酸清漆、醇酸磁漆、铁红醇酸底漆等。醇酸树脂漆的稀释剂，一般长油度的可用200号溶剂汽油，中油度的可用200号溶剂汽油与二甲苯的1∶1混合物，短油度的可用二甲苯。X—4醇酸漆稀释剂不但可用来稀释醇酸漆，也可用来稀释油基漆。

（4）过氯乙烯漆：如过氯乙烯清漆、各色过氯乙烯磁漆，可用X—3或用酯、酮及苯类等混合溶剂作稀释剂，但不能用醇类溶剂。过氯乙烯漆稀释剂配方，参见表2-2。

过氯乙烯漆稀释剂（重量比） **表2-2**

配比 组分	Ⅰ	Ⅱ
醋酸丁酯	20	38
丙酮	10	12
甲苯	65	—
环己酮	5	—
二甲苯	—	50

（5）环氧漆：如铁红、铁黑、锌黄环氧底漆可用二甲苯作稀释剂，环氧清漆可用甲苯：丁醇：乙二醇乙醚＝1：1：1稀释，各色环氧磁漆可用甲苯：丁醇：乙二醇乙醚＝7：2：1作稀释剂。也可用由环己酮、二甲苯、丁醇等组成的稀释剂。环氧漆稀释剂配方参见表2-3。

环氧漆稀释剂（重量比）　　表2-3

组分＼配比	Ⅰ	Ⅱ	Ⅲ
环己酮	10	—	—
丁醇	30	30	25
二甲苯	60	70	75

（6）聚氨酯漆：如聚氨酯清漆、聚氨酯木器漆稀释剂S－1，各色聚氨酯磁漆用二甲苯或用无水二甲苯及甲基与酮或酯的混合溶剂作稀释剂，但不能用带羧基的溶剂，如醇类。聚氨酯漆稀释剂配方参见表2-4。

聚氨酯漆稀释剂（重量比）　　表2-4

组分＼配比	Ⅰ	Ⅱ
无水二甲苯	50	70
无水环己酮	50	20
无水醋酸丁酯	—	10

（7）丙烯酸漆：如丙烯酸清漆、丙烯酸木器漆可以用稀释剂X－5，各色丙烯酸磁漆可用稀释剂X－5、X－3。

（8）沥青漆：稀释剂多用200号煤焦油溶剂、200号溶剂汽油、二甲苯。在沥青烘漆中有时添加少量煤油以改善流平性，有时也添加一些丁醇。

2.1.2　稀释注意事项

（1）稀释剂分量不宜超过漆重的20％。否则，会使油漆过稀（黏度过小），涂饰时容易导致流淌、露底。又因漆膜过薄会降低漆膜的性能。

（2）色漆中如果颜料过多，比较黏稠不便使用时，应加入相同品种的清漆调匀，尽量少加稀释剂，否则会影响漆膜的性能。当连续涂饰几道色漆时，应将前一道色漆的颜色调得稍微浅些，这样在涂饰下一道色漆时，能及时发现是否有漏刷的地方，以保证涂饰质量。

（3）调油漆黏度的稀释剂首选规定的配套品种。不能随便兑其他稀释剂。

（4）随调随用，避免油漆结块、变色、变质影响使用，造成不必要的浪费。

2.1.3 油性油漆的稀释

油性油漆容易沉淀为稠厚状，使用时仍需加入清油。施工时应根据需要调配，一般加入参考量：铅油加30%左右清油，油性调和漆加清油15%以下，磁性调和漆加清油10%以下。

在此范围内，当仍然达不到施工要求时，可加入松节油10%以下或200号溶剂汽油9%以下。

稀料再多时，油漆的稠度过低，托不住颜料，颜料就要下沉；同时，涂膜也会出现光亮不足和早期粉化的现象。为使油性涂料早干，可加入铅、钴、锰催干剂，一般加漆重的1%～3%，最高不超过5%。充分搅拌均匀。

2.1.4 酚醛底漆、醇酸底漆的稀释（配铅油）

酚醛底漆、醇酸底漆（俗称厚漆）调配时都有各自适用的稀料，这个过程俗称配铅油。调配时要现用现兑，常用厚漆调稀的参考配合比见表2-5。

厚漆调稀时应注意以下几点：

（1）根据配合比将成品清油的全部用量加2/3用量的松香水调成混合油。

常用厚漆调稀的参考配合比　　表 2-5

配料名称	光度区别	百分数(%)						
		调配厚漆	清油	松香水	清漆	熟桐油	催干剂G-8	备注
白厚漆	有光	60	30	0.2	6.8		2	锌白
	平光	62	18	12	5		2	
	无光	65	5	25	1.5	0.5	2	
黄厚漆	有光	60	29	0.2	6.8		3	
	平光	62	20	10	4		3	
	无光	64	5	24.5	2	0.5	3	
紫红厚漆	有光	56	34	0.5	5.5		3	
	平光	58	20	13	5		3	
	无光	60	5	28.5	2	1	3	
黑厚漆	有光	56	30	0.2	8.8		3	
	平光	58	30	13	5		3	
	无光	60	5	28.5	2	1	3	
绿厚漆	有光	60	29	0.2	6.8		3	
	平光	62	20	10	4		3	
	无光	64	5	24.5	2	0.5	3	
蓝厚漆	有光	56	30	0.2	8.8		3	
	平光	58	20	13	5		2.5	
	无光	60	5	27.5	3	1	2.5	
红厚漆	有光	56	30	0.5	8.5		3	
	平光	58	20	13	4		3	
	无光	60	5	27.5	3	0.5	2.5	

注：在 18～23℃时，干燥时间为 8h，催干剂用量一般为 2%～3%，根据地区和季节可酌量增减。

（2）再从漆桶中将铅油挖出放在干净的铁桶内，倒入少量的混合油充分搅拌，直至铅油没有疙瘩，全部溶解，待与铅油充分搅拌均匀。

（3）再把全部的混合油逐渐加入搅拌均匀。这时可加入熟桐油（冬季用油尚需加入催干剂），并用 100 目铜丝罗过滤，再将剩下的 1/3 用量的松香水，洗净工具铁桶后掺入铅油内即成。然后刷好试样，用纸覆盖在调好的铅油面上备用。

（4）如铅油是几种颜色调配而成的，需先把几色铅油稍加混合油，配成要求的颜色后，再加入混合油搅拌。

如用铅粉或锌钡白配铅油，需把铅粉或锌钡白加入清油用力搅拌成面团状，隔 1～2d 使清油充分浸透粉质，类似厚糊状后才能再调配成各色铅油。

（5）无光油是在最后涂刷的，其稀释剂用量较多，而油料用量相应减少。但稀释剂多了漆就容易沉淀，时间长了沉淀物还会发硬结块，即使经过充分搅拌，涂刷后漆膜仍难免产生粗糙不匀和发花现象，故配无光油时需注意到需用时才调配。如用量不多，可一次配成使用；需要量大，则要准确记录多种材料的分量而逐次调配，以保证颜色一致，而且在配好后还应该密封贮藏，防止稀释剂挥发影响质量。

2.2 配色

2.2.1 色彩常识

色彩的基本属性有色相、明度、纯度。三者在任何一个物体的颜色上都同时显现出来，不可分离，也称色彩三要素，并把它作为区分比较各种色彩的标准。

（1）色彩的三要素

1）色相：就是色彩的相貌。即通常说的各种色彩的名称。日光光谱包含的标准色虽然只有红、橙、黄、绿、蓝、靛、紫。但同一色彩的色相也很丰富，如红系颜料就有粉红、浅红、大红、紫红等。从理论上说，色相的数目是无穷的。

2）明度：系指色彩的明暗程度或浓淡差别。如淡红、中红、深红。黑色明度最小，白色明度最大。各种色彩的明度是不相同的，浅色明度强，深色明度弱。根据反射表面的反射程度，白色为明度最强，依次是淡灰、浅灰、中灰、深灰、黑。

3）纯度：指色彩的鲜艳程度（又称彩度、饱和度）。色相环上的标准色彩纯度最高，含标准色成分越多，色彩就越鲜艳，纯度就越高。反之，含标准色成分越少，纯度就越低。在标准色中加白，纯度降低而明度提高；在标准色中加黑，纯度降低，明度也降低。通常说某物体色彩鲜艳，就是指其纯度高。

（2）原色、间色、复色、补色

1）原色：色彩中大多数颜色可由红、黄、蓝三种颜色调配出来。而这三种颜色却无法由其他颜色调配而得，我们就把红、黄、蓝三色称为原色或一次色。

2）间色（间色或二次色）：由两种原色调配成的颜色。即，红＋黄＝橙；黄＋蓝＝绿；蓝＋红＝紫。橙、绿、紫三种颜色，即为间色。

原色和间色，以红、绿、黄、橙、蓝、紫为标准色。

3）复色（也称三次色、再间色）：是由三种原色按不同比例调配而成，或由间色加间色调配而成。因为含有三原色，所以含有灰色成分，纯度较低。复色的种类名目繁多，千变万化，调配时只有大体的分量。

图 2-1 所示为三原色、间色、复色的相互关系图。

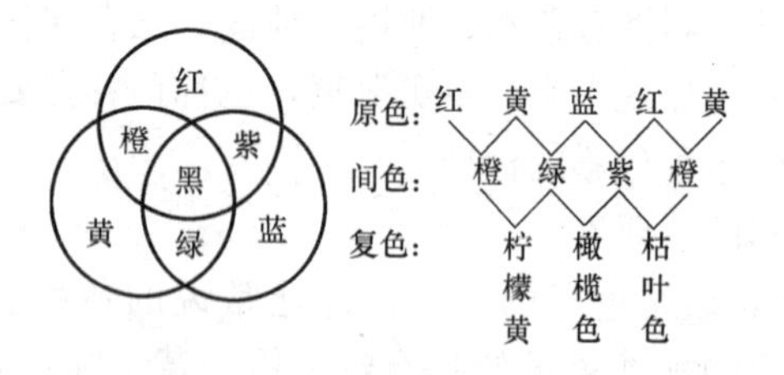

图 2-1　颜色调配示意图

4）补色：一种原色和另外两种原色调配的间色互称补色或对比色。如，红与绿，绿是由黄、蓝两种原色调配的间色；蓝与橙，橙是由红、黄两原色调配的间色；黄与紫，紫是由蓝、红两原色调配的间色。这几对颜色，双方都不含对方的色素，互称补色或对比色。

补色的特点是把它们放在一起能以最大的程度突出对方的鲜艳，但如果将它们互相混合时，就出现了灰黑色。这是因为每一对补色的调和，都是红、黄、蓝三原色的混合，三原色的等量混合就是黑色。这种补色的性质，运用得当，可避免调色的失败。

（3）色彩的配置

对色彩进行配置，可参考十二色环图，如图 2-2 所示。

1）邻近色的运用：从十二色环图可见，一种色彩与左右相邻的色彩为邻近色。由于相邻色中含有较多的共同色素，互相配合容易取得调和的效果。如黄色的临近橙色、绿色，黄色里既含有橙色色素又含有绿色色素，因此黄色和橙色、绿色容易调和相配。同样紫色和红色、蓝色相配，容易调和。

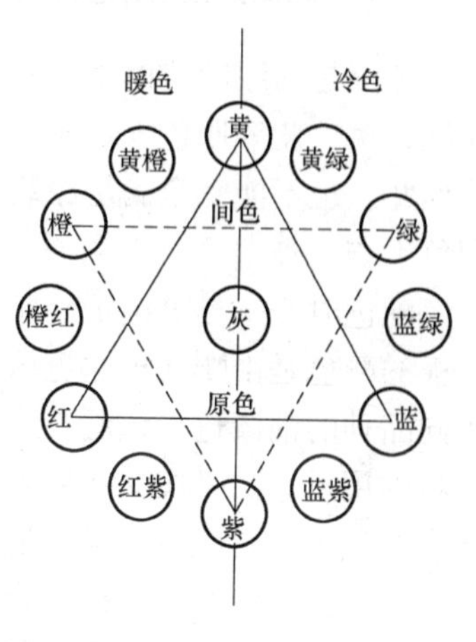

图 2-2　十二色环图

2）配色盘的使用：根据十二色环图，可以进行二色配置、三色配置、四色配置，均可得到各种调和色。

二色配置是某个暖色（中性色）与之相对应的冷色相配置。如黄与紫、红与绿、橙红与蓝绿。

三色配置是某个暖色（中性色）与其相对应的冷色的左右相邻色相配置。例如，橙相对应的冷色是蓝，蓝的相邻色是蓝绿与蓝紫，则橙色与蓝绿和蓝紫可呈调和配置；同理，橙红与绿和蓝，红色与黄绿和蓝绿配置等。也可以是某个暖色（中性色）与其相对应的冷色的左右远邻色相配置。例如，橙对应的冷色为蓝，蓝的远邻色为紫与绿，则橙与紫、绿调和配置，橙红与黄绿和蓝紫配置等。

综合上述两种情况，可以说在十二色环图上，凡是等边三角形或等腰三角形的三个角所指示的三种颜色，即是调和色。

四色配置，在十二色环图上，凡是长方形或正方形的四个角所指示的四种颜色，即是调和色，都可配置。例如，黄橙、黄绿、红紫、蓝紫四色；紫、蓝、黄、橙四色；绿、蓝、红、橙均可四色配置。

2.2.2 调和漆常用配合比

色漆是油漆制造商生产的有色油漆，也称有色涂料，其颜色除红、黄、蓝等原色外，还有各中间色、复色、补色的品种。尽管如此，也不能完全满足涂装工程的要求。施工时还面临大量的配色工作。

配色时，一是靠施工经验将色漆颜色与样板进行对照，识别样板的颜色是由哪几种原色组成，各原色比例大致为多少，然后用同品种的油漆进行试配，作出小样板，可大致计算出各种颜色涂料的用量。二是按文字要求进行调配，灵活性就较大，重点掌握主题颜色，再配以其他合适的颜色。

复色漆（调和漆）的配合比，参见表 2-6。

复色漆（调和漆）配合比（%）　　表 2-6

原色 色相	红	黄	蓝	白	黑
粉红	3	—	—	97	—
橘红	9	91	—	—	—
枣红	71	24	—	—	5
淡棕	20	70	—	—	10
铁红	72	16	—	—	12
栗色	72	11	14	—	3
鸡蛋色	1	9	—	90	—

续表

色相＼原色	红	黄	蓝	白	黑
淡紫	2	—	1	97	—
紫红	93	—	7	—	—
深棕	67	—	—	—	33
国防绿	8	60	9	13	10
褐绿	—	66	2	—	32
解放绿	27	23	41	8	1
茶绿	—	56	20	—	24
灰绿	—	11	8	70	11
蓝灰	—	—	13	73	14
奶油色	1	4	—	95	—
乳黄	—	9	—	91	—
沙黄	1	8	—	89	2
浅灰绿	—	6	2	90	2
淡豆绿	—	8	2	90	—
豆绿	—	10	3	87	—
淡青绿	—	20	10	70	—
葱心绿	—	92	8	—	—
冰蓝	—	2.5	1	96.5	—
天蓝	—	—	5	95	—
湖绿	—	6	3	91	—
浅灰	—	—	1	95	4
中灰	—	—	1	90	9

2.2.3　配色的要点

（1）配色时以用量大、着色力小的颜色为主，称为主色；着色力强，用量小的颜色为次色和副色。调配时要慢慢将次色、副色加入主色中，并不断地搅拌、观察，直到调至所需的颜色，而不能相反，将主色加到次色和副色中去。

（2）对不同类型、厂家的产品，在未了解其成分、性能之前不要互相调兑。原则上只有在同一品种和型号之间才能调配，以免互相反应，轻则影响质量，重则造成报废。

（3）加不同分量的白色，可将原色和复色冲淡，得到纯度不同的颜色。加入不同分量的黑色，则得到明度不同的颜色。

（4）配色时，要考虑到各种涂料湿时颜色较浅，干后颜色转深的规律。因此，调色时，湿涂料的颜色要比样板上的涂料颜色略淡一些。最后的对比结果，须待新样板干透后才能确定。

（5）调色过程中，各容器、搅棒要干净、无色。各桶的备用料要上下搅匀，并保持原桶的稠度。

（6）含浮色较重的色漆和木器的清漆拼色，其颜色的深浅程度都与施工有关。浮色轻与重取决于色漆的稠度，漆稠的浮色浮的轻，漆稀的浮色浮的重。清漆的基底色白，用色要重；基底色重，用色要轻。

（7）配色时应在天气较好、光线充足的条件下进行。

（8）如果在冬天调配调和漆，因气温低需加催干剂时，应先把催干剂加入再开始调配，否则会影响色调。

2.3 水色、酒色、水粉色及油色等的调配

木材在做透明涂饰时，往往要对其染色。一般通过调配水色、酒色、水粉色和油色等加以修饰、调整，丰富并增强视觉效果。

2.3.1 颜料的选用

涂饰施工用的各种着色颜料，应根据涂饰工程的性质和要求选用。

（1）木基层要显露木纹的清漆，面色应采用染料，染料能溶

于水或有机溶剂（酒精、松香水、松节油、香蕉水和二甲苯等），且色泽鲜艳。

（2）木基层要不显木纹的清漆和混色涂料，应采用石性颜料，石性颜料不溶于水或有机溶剂，遮盖力好，但色泽不及染料鲜艳。

（3）混凝土和抹灰基层应采用耐碱的石性颜料。室外墙面涂饰可采用耐光的石性颜料。

（4）酸性颜料和碱性颜料不得混用。中性颜料可与酸性颜料或碱性颜料混用。

2.3.2 配水色

水色是专用于显露木纹的清水油漆物面上色的一种涂料，因调配时使用的颜料能溶解于水，故名水色。水色多用品色颜料配水色，常用颜料有黄纳粉、黑纳粉、哈巴粉、品红、橙红、品绿、品紫等，因品色颜料溶解于水，而水温越高，越能溶解开，所以必须用开水浸泡，最好将泡好的颜料放在火炉上煮一下，这种水色是白木着色，水和颜料的比例要视木纹的情况而定。如木材是一个品种又很干净时，颜料的成分要适当减少。如木材品种较杂、颜色深浅不一还有污点斑迹时，就要增加颜料的比例，使上色后整个物面色泽一致。水色配方见表 2-7，仅供参考。

水色配方表（%） **表 2-7**

原料	目标色相										
	淡柚木色	柚木色	深柚木色	黄纳色	黑纳色	栗壳色	深红木色	古铜色	荔枝色	蟹青色	红木色
	配比(重量比)										
黄纳粉	3.5	4	3	16	—	13	—	5	6.6	2.2	—
黑纳粉	—	—	—	—	20	—	15	—	—	—	16.7
墨汁	1.5	2	5	4	—	24	18	15	3.4	8.8	—
开水	95	94	92	80	80	63	67	80	90	89	83.3

水色可用于白茬木器表面直接染色，也可以用于着色于涂层，即在填孔着色并经虫胶漆封闭的涂层上涂刷水色。

水色容易调配，使用方便，干燥迅速。经水色着色后罩上清漆，涂层干后色泽艳丽，透明度高，色泽经久不变。水色是木器透明涂饰经常采用的着色方法，但直接着色于木材易引起木材的膨胀，产生浮毛，染色不匀，所以多用于涂层着色。

水色必须彻底干燥以后再刷清漆罩面，否则会造成涂层发白、纹理模糊不清的现象。刷涂时要少回刷子，以免刷掉水色，造成颜色不匀。

2.3.3 配酒色

酒色就是染料的酒精溶液或虫胶漆溶液。调配酒色一般用碱性染料，因为碱性染料易溶于酒精。

酒色常用于如下两种情况：一是木材表面经过水粉子填孔着色后，色泽与样板尚有差距，当不涂刷水色时，多采用涂刷酒色的方法来加强涂层的色调，以达到所要求的颜色；二是在使用水色后，色泽仍没有达到要求者，也常采用酒色进行拼色。

涂饰酒色时，先要根据涂层色泽与样板的差距，调配酒色的色调，染料与颜料的加入量没有规定的配方，完全根据色泽要求灵活掌握，一般要调配得淡一些，免得一旦刷深，不好再修饰。酒色常常需要连涂 2～3 次，每一次干透后，要用细砂纸轻磨一下后再涂下一次。

酒色的应用也比较普遍，由于酒精挥发快，因此酒色涂层干燥快。刷涂酒色时，既着色同时又封闭、打底增厚涂层，因而简化了工艺，缩短了施工时间，有利于提高生产效率。

2.3.4 配水粉色

水粉色是一种颜料色浆（内含极少量的染料）。水粉色的调制方法：把颜料和染料加入开水中泡开，放在火上稍炖一下，使颜料和染料充分掺和均匀和溶开。在调制时要适当加入一点皮胶液，以增加水粉色的粘结力，便于在水粉色层干透后罩清漆时不掉粉。

水粉色的使用范围很广，不但能用于各种木制品，还适用于金属、水泥等制品的表面装饰。

2.3.5 配油色

油色是介于铅油和清油之间的一种油漆，可用红、黄、黑调和漆或铅油配制。油色刷后能显出木纹，又能把各种不同颜色的木材变成一致的颜色，配合比为溶剂汽油 50%～60%，清油 8%，光油 10%，红、黄、黑调和漆 15%～20%，油色调法与配铅油基本相同，但要更细致些。

可根据颜色组合的主次，先把主色铅油加入少量稀料充分调和，然后把次色、副色铅油逐渐加入主色油内搅和，直至配成所要求的颜色。如用粉质的石性颜料配油色，要在调配前用松香水把颜料充分浸泡后才能配色。

油色一般用于中、高档木家具，其颜色不及水色鲜明艳丽，且干燥慢，但在施工中比水色容易操作。

2.3.6 配润粉

润粉分水性粉和油性粉两类。用于高级建筑物及家具的油漆工序中，其作用是使粉料擦入硬杂木的棕眼内，使木材棕眼平整、木纹清晰。

水性粉配比：大白粉 45%，水 40%，水胶 5%，配制时按样板加色 5%～10%，先将大白粉拌成糊状，再将制好的水胶倒入糊内共同调匀。颜料单独调和，用筛过滤，然后渐次加入至所需的颜色深度为止。全部调均匀后即可使用。

油性粉配比：大白粉 45%，汽油 30%。光油 10%，清油 7%，按样板加色 5%～10%。但要注意油性不能过大，否则，粉料不易进入木材棕眼，达不到润粉目的。配制方法与水性粉基本相同。

2.4 虫胶清漆、清油等的调配

2.4.1 配虫胶清漆

虫胶清漆（即溶漆片）配制时，要将虫胶漆片放入酒精中溶解即可，顺序不能相反。否则，会使表层的漆片被酒精粘结成块，影响溶解速度。配漆片的参考配合比为：干漆片∶酒精＝(0.2～0.25)∶1（用排笔刷），如揩擦为（0.15～0.17）∶1，用于上色（酒色）为（0.1～0.12）∶1（均为重量比）。

在漆片溶解过程中要经常搅拌，防止漆片沉积在容器底部。溶解的时间取决于漆片的破碎程度与搅拌情况。随配制总量的增加，漆片完全溶解可能需要较长时间。根据虫胶漆片质量的优劣，在一般情况下需浸泡12h。此时应保持常温溶解，不宜加热，以免造成胶凝变质。

漆片溶液遇铁会发生化学反应，而使溶液颜色变深。因此，溶解漆片的容器及搅拌器都不能用铁的，应采用瓷、塑料、搪瓷等制品。漆片溶好后应密封保存，防止灰尘、污物落入及酒精挥发，用前可用纱布过滤。存放时间不要超过半年，否则会变质。

虫胶清漆的漆膜干燥缓慢，色深发黏。如加少量硝基清漆，可配成虫胶硝基混合清漆，这种漆流动性好，易揩擦，较硝基漆干燥快、填孔性好，更容易砂磨并能提高光泽。其配比为35％的虫胶漆∶20％的硝基漆∶酒精＝2∶1∶3（体积比）。如虫胶清漆有时干燥太快，涂刷不便，可加几滴杏仁油减缓其干燥。

2.4.2 配清油

自配清油与工厂的成品清油不同，工厂成品清油是干性油熬炼而成，而自配清油是以熟桐油为主，经稀释（冬季还要加催干剂）而成，主要用于木材打底。

调配时，根据清油所需的稠度和颜色，将一定数量的颜料、熟桐油、松香水（或汽油）拌合在一起，用 80 目的铜丝过滤后即可使用。一般的配合比为熟桐油：松香水＝1：2.5。如在夏天高温时使用，则清油内的稀料蒸发快，易变稠使表面结皮，这时在清油中加些鱼油（即工厂成品清油）即可避免，既节约材料又容易涂刷。

2.4.3 配丙烯酸木器漆

使用时按规定以组分甲（丙烯酸聚酯和促进剂环烷酸钴、锌的甲苯溶液）1 份和组分乙（丙烯酸改性醇酸树脂和催化剂过氧化苯甲酰的二甲苯溶液）1.5 份调和均匀，以二甲苯调整黏度，使用多少配多少，随用随配。有效使用时间：20～27℃时为 4～5h，28～35℃时为 3h，时间过长就会发生胶化。

2.4.4 配防锈漆

除用市场销售的防锈漆外，也可自配防锈漆，比例为红丹粉 50％，清漆 20％，松香水 15％，鱼油 15％，不能掺合光油调配，否则红丹粉在 24h 内会变质。

2.4.5 配金粉漆、银粉漆

银粉有银粉膏和银粉面两种，加入清漆后即成银粉漆。配制比例为：银粉面或银粉膏：汽油：清漆、喷漆为 1：5：3，刷漆为 1：4：3。配好的银粉漆要在 24h 内用完，否则会变质呈灰色。金粉漆用金粉（黄铜粉末）与清漆调配而成，配制比例、方法与银粉漆相同。

2.4.6 配无光调和漆

各色无光调和漆又名香水油、平光调和漆。常用于室内高级装饰工程，如医院、学校、剧场、办公室、卧室等处的涂刷，能使室内的光线柔和。自制无光漆的配合比为钛白粉 40％，光油 15％，鱼油 5％。当施工环境温度为 30～35℃时，往往由于干燥太快，造成色泽不一致，此时，可加入煤油 10%～15%，松香水 30%～35%。

2.5 水浆涂料的调配

水浆涂料多用于室内装饰装修，室外工程中也有应用，但其材料大有区别，选用时还要考虑当地日照、风雨、温湿度及大气质量等因素的影响。

2.5.1 常用水浆材料

一般刷浆采用的主要材料，见表 2-8。一般刷浆采用的辅助材料，见表 2-9。

一般刷浆主要材料 **表 2-8**

材料名称	组成
大白粉(白垩粉、老粉)	由滑石、矾石或青石等精研成粉加水过淋而成的碳酸钙粉末，其规格(细度)200 目，白度 90%以上
可赛银(酪素涂料)	由碳酸钙(重钙、轻钙两种)、滑石粉以及其他化学颜料等合制而成的成分：碳酸钙 40%，滑石粉 54.99%，胶粉 5%，颜料 0.009%
银粉子	是北京地区的土产品，呈微颗粒状，有闪光，用法同大白粉
熟石灰(消石灰)	由生石灰(CaO)加水经过充分消化(熟化)而成
水泥	32.5 级及以上白色硅酸盐水泥、普通硅酸盐水泥

一般刷浆辅助材料 **表 2-9**

材料名称	成分及配制方法	使用注意事项
龙须菜(石花菜、麒麟菜、鹿角菜、鸡脚菜)、(刷浆材料胶料和悬浮液)	将龙须菜(系海生低级生物)用水洗净，按龙须菜：水＝1：3(重量比)浸泡 4～8h，用火熬成液汁，再过滤，冷却后冻结成胶，待用	(1)龙须菜胶须于 1～2d 内用完； (2)夏季易腐，不宜使用
火碱(烧碱)面胶(刷浆材料胶料和悬浮液)	大白粉：面粉：火碱＝100：(2.5～3)：(1～1.5) 拌合时逐步加水拌合	(1)忌用石灰； (2)易受潮失去黏性

续表

材料名称	成分及配制方法	使用注意事项
皮胶(胶粘剂)	有片状、粉状,用动物皮或皮革废渣制成皮胶:水=1:4(体积比)	(1)用时须隔水加热,使其溶化; (2)可连续使用,用时加温溶化
聚乙烯醇($CH_2=HOH)_x$(胶粘剂)	由醋酸乙烯水解而成白色粉末聚乙烯醇:水=5:100(重量比),水浴加温85~90℃,边加热,边搅拌成溶液	同皮胶
羧甲基纤维素(胶粘剂悬浮液)(CMC)	白色废渣状化学品,按羧甲基纤维素:水=1:(60~80)浸泡8~12h,待完全溶解成胶状	(1)同皮胶; (2)一般先配成含羧甲基纤维素1%的溶液,然后按配比加入大白浆中
田仁粉(胶粘剂悬浮液)	野生植物,又称野绿豆粉田仁粉:水(或开水)=4:(100~140)(重量比),煮(或冲拌)。使用前1h冲调	调成胶后要立即使用
骨胶(胶粘剂)	用动物骨骼制成配制方法同皮胶	同皮胶
木质素磺酸钙(分散剂)	掺入聚合物水泥砂浆中,约可减少用水量10%左右,并提高粘结强度、抗压强度和耐污染性能。掺量为水泥量的0.3%左右	
猪血(血料)	将猪血用稻草搓烊,过筛后加石灰浆少许拌匀(猪血与石灰浆之体积比为50:1),几小时后即结成青黑色厚浆,使用时先用清水调薄,用80目筛滤渣,即成为猪血水胶。猪血与水的体积比如下:猪血:水=1:5	配好的猪血在炎热夏天须当天用完,否则即发臭变坏,不能使用。冬季7d内可使用

2.5.2 配大白浆

大白浆根据加入的胶粘剂不同,可分为龙须菜大白浆、火碱大白浆、乳胶大白浆、聚乙烯醇大白浆等种类,常用大白浆配合比及调制操作要点,见表2-10。

大白浆配合比及调制操作要点　　表 2-10

名称	配合比(重量比)	调制操作要点
龙须菜大白浆	大白粉：龙须菜：动物胶：水=100：(3～4)：(1～2)：(150～180)	将龙须菜浸入水中 4～8h,待龙须菜涨胖后洗净加水(1：13),熬烂过滤冷冻后用其汁液,加少量水与大白粉(先加少量水拌成稠浆状)拌均匀,用筛过滤即成,用时加少量清水和动物胶以防脱粉。每配一次 1d 用完,以免降低黏性
火碱大白浆	大白粉：面粉：火碱：水=100：(2.5～3)：1：(150～180)	先将面粉用水调稀,再加入火碱溶液制成火碱面粉胶,然后将其兑入已用水调稀的大白浆中
乳胶大白浆	大白粉：聚醋酸乙烯羧液：六偏磷酸钠：羧甲基纤维素=100：(8～12)：(0.05～0.5)：(0.2～0.1)	先将羧甲基纤维素浸泡于水,比例为:羧甲基纤维素：水=1：(60～80),浸泡 12h 左右,待完全溶解成胶状后过箩加入大白浆
108 胶大白浆	大白粉：108 胶=100：0.15～0.2	将 108 胶放入水中配成溶液,再与大白粉拌匀即可
聚乙烯醇大白浆	大白粉：聚乙烯醇：羧甲基纤维素=100：(0.5～1)：0.1	将聚乙烯醇放入水中加温溶解后倒入浆料中拌匀,再加羧甲基纤维素即可
田仁粉大白浆	大白粉：田仁粉：牛皮胶：清水=100：3.5：2.5：(150～180)	在容器中边放开水边搅动,放 100～120kg 开水,需田仁粉 4kg,太厚还可以加开水,搅动要快,撒粉不致结块,使用前 1d 冲调效果较好

2.5.3 配水泥、石灰浆

1. 配白水泥石灰浆

白水泥石灰浆适用于外墙涂刷，常用的配合比及其调制的方法见表 2-11。

水泥、石灰浆配合比及调制方法　　　　表 2-11

名称	配合比(重量比)	调制方法
白水泥石灰浆	(1)白水泥：石灰：氧化钙：石膏粉：硬脂酸铝粉＝100：(20～25)：5：0.5：1 (2)白水泥：石灰：食盐：光油＝100：250：25：25	先将白水泥与熟石灰干拌均匀，加入适量清水。然后将氯化钙用水调好，用34目钢丝箩过滤后，再倒入水泥石灰浆内。搅拌均匀，即可刷浆
石灰浆	生石灰：食盐＝100：5	先在容器内放清水至其容积的70%处，再将块状石灰逐渐放入水中，使其沸腾。石灰与水的配比为1：6(重量比)。沸腾后过24h才能搅拌，过早搅拌会使部分石灰浆吸水不够而僵化。最后，用80目钢丝箩过滤，即成石灰浆。冬季加0.3%～0.5%食盐

注：1. 白水泥石灰浆适用于外墙涂刷，石灰浆适用于普通室内墙顶刷浆工程。
2. 室外刷黄色石灰浆宜采用黑矾。
3. 石灰浆应用块状生石灰或已淋制好石灰膏调制。

2. 配石灰浆

石灰浆采用块状生石灰或已淋制好的石灰膏调制。石灰浆基本色常用配合比及调制方法见表2-11。石灰色浆配合比及调制方法见表2-12。

2.5.4 配可赛银浆、色粉浆、油粉浆

1. 配可赛银浆

可赛银是以碳酸钙、滑石粉等为填料，以酪素为胶粘剂，掺入颜料混合而制成的一种粉末状材料，也称酪素涂料，使用时先用温水隔夜将粉末充分浸泡，使酪素充分溶解，然后再用水调至施工稠度即可使用。酪素胶的外文名称是Casein，“可赛银”是根据其音译命名的。可赛银浆的调配方法及适用范围见表2-12。

2. 配色粉浆、油粉浆

色粉浆、油粉浆的调配方法以及适用范围见表2-12。

可赛银浆、色粉浆、油粉浆调配方法及适用范围　表 2-12

名称	调配方法	适用范围
可赛银浆	加入可赛银重量40%～50%的热水(冬季用60℃左右的热水,否则可赛银中的胶质不易溶化),搅拌均匀呈糊状,放置4h左右,再搅拌均匀,使用时按施工所需黏度加入适量清水,并过80目箩	室内墙面高级刷浆
色粉浆	常用三花牌色墙粉,有26种花色成品供应。调配时按1∶1加温水拌成奶浆,待胶溶化加适量凉水调成适当浓度,过1～2道筛即可使用	室内墙面装饰粉刷
油粉浆	①生石灰∶桐油∶食盐∶血料∶滑石粉=100∶30∶5∶5∶(30～50) ②生石灰∶桐油∶食盐∶滑石粉∶水泥=100∶10∶10∶75∶40,并加适量颜料,水适量,浆过筛	第一种配比用于室内高级刷浆,第二种用于室外刷浆

2.5.5　配聚合物水泥系涂料

聚合物水泥色浆的配制方法，见表2-13。

聚合物水泥色浆配合比（%）　表 2-13

白水泥	108胶	乙-顺乳液	聚醋酸乙烯	六偏磷酸钠	木质磺酸钙	甲基硅醇钠	颜料
100	20			0.1	(0.3)	60	3～5
100		20～30	(20)				

注：1. 本浆料适用于外墙刷浆。
2. 乙-顺乳液全称为醋酸乙烯-顺丁烯二酸二丁酯共聚乳液，当货源不足时可用聚醋酸乙烯代替（用量加括号）。
3. 六偏磷酸钠和木质素磺酸钙均为分散剂，两者选用其一。
4. 甲基硅醇钠市售含固量约30%，pH值为13左右，用时先用硫酸铝中和至pH=8左右，将中和并已稀释至含固量为3%的溶液按配比掺入。如配料发生假凝现象，可掺水泥量5%～10%的石灰膏继续搅拌即可。

在彩色复层凹凸花纹外墙涂层中，也采用聚合物水泥涂层作为中间主涂层材料。其中水泥可用白色硅酸盐水泥，与上述高分子材料一起掺混均匀，再加入填料和骨料等而构成。

2.5.6 配其他各种刷浆浆料

1. 配蚬灰和陈灰浆

蚬灰和陈灰浆调制方法，见表 2-14。

蚬灰、陈灰（贝壳灰）调制方法　　表 2-14

饰灰	水	备注
50(kg)	40～60(kg)	拌均匀后喷、刷均可

注：饰灰制成方法：蚬灰、陈灰（贝壳灰）750kg，加水 350kg（分次加入），用砂浆搅拌机搅拌成膏状物灰膏（广州地区俗称饰灰）。

2. 配避水色浆

避水色浆其配合比，见表 2-15。

避水色浆配合比（重量比）　　表 2-15

材料名称	32.5 级白水泥	消石灰粉	氯化钙	石膏	硬脂酸钙	颜料
用量(kg)	100	20	5	0.5～1	1	适量

注：用于外墙粉刷。

3. 配彩色水泥浆

彩色水泥浆其配合比，见表 2-16。

彩色水泥浆配合比（重量比）　　表 2-16

项目	彩色水泥	无水氯化钙	水	皮胶水
头遍浆	100	1～2	75	7(按水泥重量计)
二遍浆	100	1～2	65	7(按水泥重量计)

注：如使用促凝剂（无水氯化钙）时，应将氯化钙先加水调好。油漆工用 34 目钢丝箩过箩后，再加入水泥浆内，调氧化钙所用之水，应在用水量扣除。

4. 配钛白粉色浆、银粉子色浆

钛白粉色浆、银粉子色浆等，见表 2-17。

5. 配清水墙刷浆材料

清水墙刷浆材料配合比，见表 2-18。

各种色浆配合比　　表 2-17

色浆名称	配合比		适用范围及备注
	名称	重量比	
石灰色浆	块石灰 食盐 颜料	100 7 0.5～3	(1)适用于内粉刷(喷)浆； (2)也可在色浆中加入石灰重量 12%的皮胶水； (3)单色和复色色浆颜料用量见表 2-19 和表 2-20
大白粉色浆	大白粉 龙须菜 皮胶 颜料	100 2.5 4.5 0.5～3	(1)适用于内粉刷用浆； (2)皮胶及龙须菜熬制方法见表 2-9； (3)色浆配好后须过细箩后方可使用； (4)单色和复色色浆颜料用量见表 2-19 和表 2-20
钛白粉色浆	钛白粉 龙须菜 皮胶 颜料	100 2.5 4.5 0.5～3	(1)适用于内外粉刷用浆； (2)皮胶及龙须菜熬制方法见表 2-9； (3)色浆配好后须过细箩后方可使用； (4)单色和复色色浆颜料用量见表 2-19 和表 2-20
银粉子色浆	银粉子 大白粉 皮胶 颜料	100 25 4.5 0.5～3	(1)适用于内粉刷刷(喷)浆； (2)色浆配好须过细箩后方可用； (3)单色和复色色浆颜料用量见表 2-19 和表 2-20

注：本表所用色浆，凡用皮胶者，均可用聚乙烯醇代替。同时先按聚乙烯醇∶水＝（5～10）∶100 的重量比将聚乙烯醇称好倒入水中，水浴加温至 85～90℃，边加温边搅拌，直至完全溶解为聚乙烯醇水溶液为止。聚乙烯醇水溶液的用量为：色浆∶聚乙烯醇＝100∶13（重量比）。

清水墙刷浆材料配合比及注意事项　　表 2-18

项次	项目	材料名称	配制方法	注意事项
1	内墙面清水墙刷(喷)石灰浆	石灰、皮胶	配合比：生石灰∶皮胶水＝1∶1/8 配制时生石灰先化为石灰膏，再将石灰膏加入适量的清水充分搅拌，而后将皮胶加入搅匀，直至稀稠适度完全均匀为止，然后过筛，即可使用	(1)皮胶水配制方法为皮胶∶水(80℃)＝1∶4(体积比) (2)左列配比中还可按生石灰∶食盐＝100∶7(重量比)配制石灰浆

续表

项次	项目	材料名称	配制方法	注意事项
2	外墙面清水墙刷红色色浆	氧化铁红 银朱甲苯胺红镉红	将左栏中任意一种颜料加入适量清水(颜料：水=1：20)调成色水,然后加入色水重量0.1~0.2份的石灰膏搅拌均匀,配成色浆,再按下列比例加入皮胶水和猪血水胶,过筛后即可刷浆色浆：皮胶水：猪血水胶=100：7：12(重量比)	(1)墙面粉刷以前,须先满涂猪血水一道,以免白色硝、碱、石膏等泛于墙面,影响美观 (2)夏日配好的胶浆须当日用完,否则会发臭变坏,不宜再用 (3)施工前须先做出样板,经设计单位同意后再大量配制 (4)墙面如刷红色胶浆两度,颜料用量每1kg可刷25~30m^2
3	外墙面清水墙刷橘红色色浆	黄色系氧化铁黄铬黄锌黄镉黄红色系氧化铁红银朱镉红	将左栏中任一红色颜料与黄色颜料按1：(0.5~1)的体积比混合均匀,加入适量清水,调成稀稠适度的色水。 再按本表项次2比例及配制方法配成胶浆,过筛后即可使用	同本表项次2
4	外墙面清水墙刷棕色色浆	氧化铁棕 氧化铁黑	除颜料用氧化铁棕或按下列比例(体积比)用氧化铁红及氧化铁黑配成棕色颜料外,其他同"外墙面清水墙刷红色色浆栏"氧化铁红：氧化铁黑=1：(0.5~1)	同本表项次2
5	外墙面清水墙刷青砖本色色浆	氧化铁黑 炭黑锰黑松烟	除颜料用左栏内任意一种黑色颜料外,其他同"外墙面清水墙刷红色色浆"栏。 但石灰膏的用量须增为色浆重量的1/3~1/2	同本表项次2

注：同一颜料，如牌号不同，则色泽及着色力也不同。因此每一工程的全部色浆，配制时须用同一牌号的颜料。否则虽用料配合比相同，但配出的色浆其颜色会深浅不同。

2.5.7 配刷浆颜料

刷浆所用的颜料应为矿物颜料或无机颜料，并具有较高的耐碱性、耐光性和着色力。密度应与胶凝材料的密度相近，不得低于胶凝材料，pH 值以 7～9 为宜。常用的颜料有氧化铁黄、氧化铁红、群青、氧化铁绿、氧化铬绿、炭黑等几种。

常用的石灰浆、大白浆等浆料中加入不同颜料可配成各种单色或复色色浆。一般单色和复色色浆配合比见表 2-19 和表 2-20。

单色色浆颜料用量参考表　　表 2-19

序号	名　称	颜料用量(粉料或水泥重量的%)						
		黄色	红色	绿色	棕色	紫色	蓝色	灰色
1	以石灰、大白粉钛白粉、白水泥配制的色浆	0.5～2	1～3	0.5～3	1～2	1.5～3	0.5～2.5	0.3～1 用黑色
2	以普通水泥配制的色浆	1～4	3～7	5～9	3～7	5～9	3～7	5～15 用白色

注：粉料、水泥、颜料应分别使用同一厂家生产的同一批产品。

复色色浆颜料用量参考表　　表 2-20

序号	配制颜色	使用颜料	配合比(占白色颜料%)
1	浅黄色	红土子 土黄	0.1～0.2 6～8
2	米黄色	朱红 土黄	0.3～0.9 3～6
3	草绿色	氧化铬绿 土黄	5～8 12～15
4	浅绿色	氧化铬绿 土黄	4～8 2～4
5	蛋青色	氧化铬绿土黄群青	8 5～7 0.5～1
6	浅蓝灰色	普蓝 墨汁	8～12 墨汁少许

续表

序号	配制颜色	使用颜料	配合比(占白色颜料%)
7	浅藕荷色	朱红 群青	4 2
8	银灰色	银粉 黑烟子	15～20 0.5～2

2.6 腻子的调配

腻子是装饰装修涂饰工程中不可缺少的材料，通常由涂料制造商配套生产供应，品种很多，尤其是一些专用腻子，应尽量选用现成的配套腻子较好。

2.6.1 腻子的要求

（1）腻子的塑性和易涂性应满足施工要求，干燥后应坚实牢固，不得粉化、起皮和裂纹，腻子干燥后，应打磨平整光滑，并清理干净。

（2）外墙、厨房、浴室及厕所等需要使用涂料的部位和木地（楼）板表面需使用涂料时，应使用具有耐水性能的腻子。

（3）腻子按基层、底涂层和面涂层的性能配套使用，腻子可购买成品或自配。

2.6.2 腻子的调配

涂饰工程常用腻子的调配，应根据基层的材料，采用不同的配比方式。

1. 混凝土及抹灰基层用腻子

（1）混凝土及抹灰基层用腻子参考配合比为：聚醋酸乙烯乳液（白胶）∶滑石粉（或大白粉）∶2%羧甲基纤维素（化学浆糊）溶液＝1∶5∶3.5。配料时，将乳液加入粉料内充分拌合。表面先涂刷清油后使用的腻子，同木基层用腻子。

（2）适用于外墙、厨房、厕所、浴室的腻子。聚醋酸乙烯乳液∶水泥∶水=1∶5∶1，如涂刷浅色涂料时，宜用白水泥。

2. 木基层用腻子

木基层用腻子参考配合比为：石膏粉∶熟桐油∶水=20∶7∶50。配制时，先将熟桐油加入石膏粉内搅拌，然后加水充分搅拌至腻子均匀，可塑，不再发胀为止。青色油漆的腻子，应按润色情况适当加色，混色涂料的腻子可不加色。

3. 金属基层用腻子

金属基层用腻子参考配合比为：石膏粉∶熟桐油∶油性腻子（或醉酸腻子）∶底涂层∶水=20∶5∶10∶7∶45。配置时，先将石膏粉、熟桐油、水按上述述2的方法调制成石膏腻子，然后同成品腻子、底涂层混合搅拌均匀。

2.6.3 常用腻子的配比及调配方法

调制腻子所用的油料、粉料、颜料，均应用铜丝筛过筛（粉料用150目筛，颜料用200目筛）。在调配腻子时，首先把水加到填料中，占据填料的孔隙，即可减少填料的吸油量，又利于打磨。加水量以把填料润透八成为好。为避免油水分离，最后再加一点填料以吸尽多余的水分。

常用的各种腻子的调配方法，参见表2-21。

各种常用腻子的调配方法　　表2-21

名称	材料及配比	调配方法及适用对象
石膏腻子	(1)石膏粉∶熟桐油∶松香水∶水=16∶5∶1∶(4～6)，另加入熟桐油和松香水总重量的1%～2%的液体催干剂(室内用)； (2)石膏粉∶干性油∶水=8∶5∶(4～6)； (3)石膏粉∶白铅油∶熟桐油∶汽油(或松香水)=3∶2∶1∶0.7(或0.6)	配制时应油、水交替加入；配方(1)配制时，先将熟桐油、松香水、催干剂拌合均匀，再加入石膏粉，并加水调和；配方(2)加入少量煤油(室外和干燥条件下使用)； 用于金属、木材及刷过油的墙面

续表

名称	材料及配比	调配方法及适用对象
水粉腻子	大白粉：水：动物胶：色粉=14：18：1：1	调配时按配比将已加入动物胶的水和大白粉搅拌成糊状，拿出少量糊状大白粉与颜料搅拌使其分散均匀，然后再与原有大白粉上下充分搅拌均匀，不能使大白粉或颜料有结块现象。颜料的用量应使填孔料的颜色略浅于样板木纹表面或管孔中的颜色； 用于木材表面刷清漆、润水粉
油胶腻子	大白粉：动物胶水(浓度6%)：红土子：熟桐油：颜料=55：26：10：6：3(重量比)	用于木材表面油漆
虫胶腻子	虫胶清漆：大白粉：颜料=24：75：1(重量比)	虫胶清漆浓度为15%～20%；用于木器油漆
清漆腻子	(1)大白粉：水：硫酸钡：钙脂清漆：颜料=51.2：2.5：5.8：23：17.5(重量比) (2)石膏：清油：厚漆：松香水=50：15：25：10(重量比)， (3)石膏：油性清漆：着色颜料：松香水：水=75：6：4：14：1(重量比)	用于木材表面刷清漆； 配方(2)加入适量的水；
红丹石膏腻子	酚醛清漆(F01-2)：石膏粉：红丹防锈漆(F53-2)：红丹粉(Pb_3O_4)：200号溶剂汽油：灰油性腻子：水=1：2：0.2：1.3：0.2：5：0..3	用于黑色金属面填刮
喷漆腻子	石膏粉：白铅油：熟桐油：松香水=3：1.5：1：0.6，加适量水和催干剂(为白铅油和熟桐油总重量的1%～2.5%)	配制方法与石膏腻子相同； 用于物面喷涂

续表

名称	材料及配比	调配方法及适用对象
羧甲基纤维素腻子	大白粉：纤维素：清水：颜料=3～4：0.1：1.5：2	按配方比例将纤维素溶化，然后倒入大白粉搅拌均匀，如需增加强度和粘结力，可加入适量乳液
	羧甲基纤维素：水：108胶：大白粉=1：10：0.1：15～20	先将羧甲基纤维素隔夜浸泡，然后搅拌后加入108胶，再加入大白粉搅拌成糊状即可； 用于抹灰面刷106涂料
聚醋酸乙烯乳液腻子	由聚醋酸乙烯乳液和大白粉或滑石粉组成，配比为：第一道腻子1：2；第二道腻子1：3；第三道腻子1：4	按配比将乳液倒入大白粉内搅拌均匀； 为改善腻子性能，防止产生龟裂、脱落，可加入适量氯偏磷酸钠和羧甲纤维素； 用于抹灰墙面刷乳胶漆
	聚醋酸乙烯乳液：滑石粉（或大白粉）：2%羧甲基纤维素溶液=1：5：3.5	用于混凝土表面或抹灰面
大白浆腻子	大白粉：滑石粉：纤维素溶液（浓度为5%）：乳液=60：40：75：2～4	按配方比例将纤维素溶化，然后倒入大白粉和滑石粉搅拌均匀，如需增加强度和粘结力，可加入适量乳液； 滑石粉如加的多了会影响腻子附着力和强度； 用于混凝土墙面喷浆
	(1)大白粉：滑石粉：聚醋酸乙烯乳液：羧甲基纤维素溶液(2%)：水=100：100：5～10：适量：适量（体积比）； (2)大白粉：滑石粉：水泥：108胶=100：100：50：20～30（体积比），适量加入甲基纤维素溶液(2%)和水	常用于内墙混凝土表面及抹灰面
乳胶大白腻子	大白粉：滑石粉：聚醋酸乙烯乳液=7：3：2（体积比）	适量加入2%羧甲基纤维素溶液； 用于抹灰面、砖墙、水泥砂浆面刷浆

续表

<table>
<tr><th>名称</th><th>材料及配比</th><th>调配方法及适用对象</th></tr>
<tr><td>内墙涂料腻子</td><td>大白粉：滑石粉：内墙涂料＝2：2：10(体积比)</td><td>配制方法：方法与大白浆腻子基本相同。只是以内墙涂料代替乳液和纤维素；
用于内墙涂料</td></tr>
<tr><td>可赛银腻子</td><td>可赛银：动物胶＝9.8：0.2</td><td>用于墙面刷可赛银浆</td></tr>
<tr><td>田仁粉大白腻子</td><td>大白粉：田仁粉胶＝100～120：100</td><td>用于田仁粉、大白粉刷浆</td></tr>
<tr><td>瓦灰腻子</td><td>血料：瓦灰：干性油＝3.2：6.4：0.4</td><td>用于混凝土面层</td></tr>
<tr><td rowspan="5">水泥腻子</td><td>水泥：108胶＝100：15～20，适量加入水和羧甲基纤维素(重量比)</td><td>用于外墙、内墙、地面</td></tr>
<tr><td>聚醋酸乙烯乳液：水泥：水＝1：5：1(重量比)</td><td>用于厨房、厕所墙</td></tr>
<tr><td>水泥：108胶：细砂＝1：0.2：2.5，加入适量水(重量比)</td><td>用于墙面涂料</td></tr>
<tr><td>水泥：108胶＝1：0.2～0.3</td><td rowspan="2">用于混凝土墙板刷浆</td></tr>
<tr><td>水泥：聚醋酸乙烯乳胶：水＝5：1：1</td></tr>
</table>

3 基层处理及翻新

3.1 基层处理的基本要求

（1）基层应牢固不开裂、不掉粉、不起砂、不空鼓、无剥离、无石灰爆裂点和无附着力不良的旧涂层等。

（2）基层应表面平整、立面垂直、阴阳角方正和无缺棱掉角，分格缝（线）应深浅一致且横平竖直。

表面平整度，可用 2m 靠尺和塞尺检查；立面垂直度，可用垂直检查尺检查；阴阳角方正，可用直角检测尺检查；分格缝直线度，可拉 5m 线，不足 5m 拉通线，用钢直尺检查；墙裙勒脚上口直线度，可拉 5m 线，不足 5m 拉通线，用钢直尺检查；允许偏差应符合现行国家标准《建筑装饰装修工程质量验收规范》GB 50210 的规定，且表面应平而不光。

（3）基层应清洁：表面无灰尘、无浮浆、无油迹、无锈斑、无霉点、无盐类析出物等。

（4）基层应干燥：涂刷溶剂型涂料时，基层含水率不得大于 8%；涂刷水性涂料时，基层含水率不得大于 10%；根据经验，抹灰基层养护 14～21d，混凝土基层养护 21～28d，一般能达此要求。含水率可用砂浆表面水分测定仪测定，也可用塑料薄膜覆盖法粗略判断。

（5）基层 pH 值不得大于 10。酸碱度可用 pH 试纸或 pH 试笔通过湿棉测定，也可直接测定。

3.2 木基层处理

3.2.1 清理

木基层表面的砂浆、灰尘、木屑等可用铲刀铲、毛刷扫、净布擦等方法去除。凸出的钉帽要打入表面内，并做防锈处理。

3.2.2 去木毛

木基层表面的木毛，可先用湿润的干净抹布擦拭表面，使木毛吸收水分膨胀竖起，待干燥后再用旧砂纸或细砂纸磨光。也可在表面刷稀的虫胶漆［虫胶：酒精＝1：(7～8)］，待干后用砂纸磨掉已变得发脆而竖起的木毛。

3.2.3 去掉污迹、油渍

木基层表面的污渍（如胶痕、油渍），可用280号或320号水砂纸打磨，磨不掉时，再用汽油擦洗。也可用温水或肥皂液、碱水洗净后，用清水洗刷一次，干燥后再顺木纹用砂纸打磨光滑。各处残留的胶要用玻璃或刮刀刮干净。

如果针叶木材上局部地方有松脂面积较大、虫眼等应挖除，并补上同种的木材，木材纤维方向要一致。如果不挖，可用25％的丙酮水溶液，也可用5％～6％的碳酸钠溶液或4％～5％苛性钠水溶液或将80％的碱溶液与20％的丙酮溶液混合起来使用。为了防止木材内部的松脂继续渗出，最好在去掉之后涂饰一层虫胶清漆封闭。

3.2.4 含水率控制

严格控制木基层的含水率，以免产生发白、针孔、气泡、变色，甚至漆膜开裂、剥离等缺陷。实践中应以使用环境的平均含水率为基准。一般北方地区要求在12％以下，江南地区要求在12％～15％。

3.2.5 孔眼、裂缝的填补及嵌补

木基层白坯上常有一些孔眼（如虫眼、钉眼），木材干裂形成的裂缝，逆纹切削时形成的逆纹沟槽，树节旁的局部凹坑，以及阔叶材的导管槽孔等。这些孔缝会吸收一般清漆、色漆等涂

料，造成涂料浪费及涂饰表面凹凸不平，影响涂饰质量。所以必须根据具体情况，采用油基漆、乳胶、有机硅树脂、腻子、水老粉，油老粉等填充物将这些孔缝填补平整。

腻子是用大量体质颜料（常用的有老粉、石膏等）、清漆或色漆、着色颜料以及适量的水和溶剂等调配而成。腻子一般在施工现场随时调配使用。腻子不仅用于较大孔缝的嵌补，也用于涂饰面的全面填平。

填塞时先对缝隙进行清理干净。对于较小的接缝，可先用铲刀扩缝，应能使填料填实。填塞温度应高于7℃，被填塞部位应不潮湿、无油渍、清洁、平整。

3.2.6 木料漂白

做浅色、本色的中高级清漆装饰的木料表面，如有色斑和不均匀色调，可用漂白的方法消除。即用排笔或油刷蘸漂白液均匀涂刷木料表面，使其净白，然后用2%浓度的肥皂水或稀盐酸溶液清洗，再用清水洗净。市售的木材漂白液，可按其使用说明书进行操作，也可采用自制漂白液进行处理。

1. 自制漂白液的方法

方法一：采用配比为15%～30%浓度的双氧水溶液：25%浓度的氯气溶液＝100：(5～10) 的双氧水混合液，可用这种混合液将整个板面涂刷一遍。如果是局部漂白，可用小团清洁的棉纱团，浸透漂白液后在漂白的部位上涂擦，如果一次不行，可进行第二次、第三次。这种漂白方法对柚木、水曲柳的漂白效果较好。

方法二：采用配比为5%浓度的碳酸钾和碳酸钠各1/2的水溶液：漂白粉＝100：5的漂白粉液，用此溶液涂刷木材表面，待漂白后用肥皂水或稀盐酸溶液清洗被漂白的表面。此法既能漂白又能去渍。

方法三：氢氧化钠溶液（500g水中溶解250g氢氧化钠）涂在需漂白的木基层上，经0.5h后，再涂30%浓度的双氧水。处理完后，用水擦洗木材表面，并用弱酸（如1.2%左右的醋酸或草酸）溶液中和，再用水擦洗干净，在常温下干燥24h。

方法四：先配制两种溶液：一种为无水碳酸钙10g加入50℃温水60g；另一种为双氧水溶液（35%）80ml，加入20ml水。首先在木材表面上均匀涂上第一种溶液，充分浸透约5min后，用棉纱头和布擦除渗出木材表面上的渗出液，然后，直接涂第二种溶液，需进行3h以上或更长时间干燥。

2. 漂白操作应注意的事项

（1）漂白剂多属强氧化剂，贮存与使用应注意安全。不同的漂白剂不应混合使用。

（2）配好的漂白剂要避光保存，应贮放在玻璃或陶瓷容器里，不应放在金属的容器里。

（3）漂白操作时要小心谨慎，防止漂白剂腐蚀皮肤。

（4）漂白后的木表面容易起木毛，漂白完毕木材干燥后应用砂纸轻轻砂磨打光。

（5）有些木材如水曲柳、麻栗、楸木、桦木、冬青、木兰、柞木等比较容易漂白；有些木材如椴木、青松、红云杉则不能漂白。

3.2.7 除去单宁

有些木材，如栗木、麻栎等含有单宁。在用染料着色时，单宁与染料反应，造成木面颜色深浅不一致。因此在着色前，须先除去单宁。常用除去单宁的方法有以下两种：

（1）蒸煮法：将木材放入水中蒸煮，将单宁溶解到水中去。

（2）隔离法：将木材表面涂刷一层骨胶溶液，阻止染料与木材中的单宁接触。

3.2.8 处理面保护

经清理后的木料面，用1～0号木砂纸顺木纹打磨平整（对硬刺、木丝、毛刺等不易打磨处，可用排笔刷少许酒精，使木刺等硬后打磨），但不得将棱角磨圆。为防止节疤处树脂渗出，可用漆片在节疤处点涂1～4遍。

木材基层经处理后，应及时涂刷底漆，以控制水分及污物对木材基层的侵袭，保证处理效果。

底漆宜用刷涂，缝隙孔洞要刷到不得遗漏，木材的横断面应刷两遍。涂刷厚度以底材的吸收性决定，吸收快的可厚些，吸收慢的可薄些。木质基层上的活性节疤，应点漆片（虫胶漆）封闭，以防木材油脂渗出而破坏面漆。

木质基层底漆多采用清油和各色厚漆（即铅油）。普通木基层油料∶稀料＝3∶1；吸收性强的基层油料∶稀料＝(4～5)∶1。

如基层较潮湿，可用纯亚麻籽油作底漆，以利散潮。如木质基层含油过多，可用少量丙酮擦洗表面，待丙酮全部挥发后，再擦一遍松节油。

对管孔敞开型的木基层，如槐木、栗木、榆木、胡桃木、桃花心木、橡木、核桃木等，在涂刷底漆后，要对表面做填平封闭处理。填孔料的稠度依木质密度而定，用松香水调节其稠度。用硬毛刷将填孔料刷在木材表面，再用干布将多余的填孔料横着木纹擦掉。

3.3 金属基层处理

涂饰对金属表面的要求是干燥，无灰尘、油污、锈斑、磷皮、焊渣、毛刺等。

3.3.1 除油渍

去除金属表面的油渍宜用碱水溶液揩抹或用有机溶剂如汽油、甲苯、二甲苯等浸洗。

3.3.2 除锈

根据锈的颜色、生成状态和程度选择适当的除锈方法。除锈方法大致可分为物理除锈和化学除锈。

1. 手工除锈

小面积除锈或工件除锈可采用砂布、刮刀、锤凿、钢丝刷、废砂轮等工具，通过手工打磨和敲、铲、刷、扫等方法，除去金属表面的锈垢和氧化皮，再用汽油或松香水清洗，将所有的油污擦洗干净。并用1½号铁砂布全部打磨一遍，用汽油或松香水清洗干净。

2. 机械处理

大面积锈蚀可先用砂轮机、风磨机（圆盘打磨机）及其他电动除锈工具除锈，然后配以钢丝刷、锉刀、钢护及砂布等工具，用刷、锉、磨等方法，除去剩余锈及杂物。

如果除锈的工作量很大，宜使用喷砂除锈的方法。根据处理件表面锈蚀的程度，材质及厚度选择合理粒度的干砂或湿砂装入专用的喷砂机内，选用合适的压缩空气压力、喷射距离和喷射角度，用砂喷射冲击处理件的表面，达到除锈的目的。喷射用砂应具有足够的硬度，不含油污、泥土和石灰质。湿喷砂时，应在砂中加入一定数量的防锈剂和钝化剂，如硝酸钠、磷酸三钠、铬酸钾混合液等。干喷砂时，应注意通风排尘。一般情况下，喷射距离为0.5m左右；喷射角为45°～80°；喷射压缩空气的压力为0.4～0.6MPa，喷射压力还可根据处理件的材质、厚度适当降低到0.2MPs，喷射时，应注意移动速度。喷射完毕，应及时清除附粘在处理件表面的砂尘等。处理完毕的工件表面应呈现一定光泽的金属本色，表面无砂尘，较薄壁件不得有变形。

3. 化学除锈

通过各种配方的酸性溶液，用工业硫酸：清水＝(15～20)：(85～80）配成稀硫酸溶液（操作时，应将硫酸倒入清水中，严禁将清水倒入硫酸中，以免引起爆炸），然后将物件放入稀硫酸溶液中约10～20min（以彻底除锈为准），取出后宜再用10%浓度的氨水或石灰水浸一次，然后用清水洗净晾干。

除浸渍酸洗法外，也有将除锈剂涂刷在金属表面除锈的。酸洗后，金属表面附着的酸液，应用温水冲洗，把酸完全除去。亦可采用碱液中和处理。

对于铝、镁合金制品，也可用皂液清除物面灰尘、油腻等污物，再用清水冲净，然后用磷酸溶液（85%磷酸 10 份，杂醇油 70 份，清水 20 份配成）涂刷一遍。过 2min 后，轻轻用刷子擦一遍，再用水冲洗干净。

3.4 混凝土、抹灰面及板面基层处理

3.4.1 混凝土基层处理

（1）在混凝土面层进行基层处理的部分，由于日后修补的砂浆容易剥离，或修补部分与原来的混凝土面层的渗吸状态与表面凹凸状态不同，对于某些涂料品种容易产生涂饰面外观不均匀的问题。

（2）对于混凝土的施工缝等表面不平整或高低不平的部位，应使用聚合物水泥砂浆进行基层处理，做到表面平整，并使抹灰层厚度均匀一致。具体做法：先清扫混凝土表面涂刷聚合物水泥砂浆，每遍抹灰厚度不大于 9mm，总厚度为 25mm，最后在抹灰底层用木抹子抹平，并进行养护。

（3）由于模板的缺陷造成混凝土尺寸不准，或由于设计变更等原因以致抹灰找平部分厚度增加，为防止出现开裂及剥离，应在混凝土表面固定焊接金属网，并将找平层抹在金属网上。

（4）常见基层缺陷处理办法

1）微小裂缝：用封闭材料或涂抹防水材料沿裂缝搓涂，然后在表面撒细砂等，使装饰涂料能与基层很好地黏结。对于预制混凝土板材，可用低黏度的环氧树脂或水泥浆进行压力灌浆压入缝中。

2）小裂缝修补：用防水腻子嵌平，然后用砂纸将其打磨平整。对于混凝土板出现较深的小裂缝，应用低黏度的环氧树脂或

水泥浆进行压力灌浆，使裂缝被浆体充满。

3）大裂缝修补：先用手持砂轮或钎子将裂缝打磨或凿成“V”形口子，清洗干净后，沿缝隙涂刷一层底层涂料。然后用嵌缝枪将密封防水材料嵌填在缝隙内，将其压平。在密封材料的外表用合成树脂或水泥聚合物腻子磨平，最后打磨平整。

4）孔洞修补：对较小的孔洞可用水泥聚合物腻子填平；大的孔洞应用聚合物砂浆填充，待固结硬化后，用砂轮机打磨平整。

5）气泡砂孔：应用聚合物水泥砂浆嵌填气孔直径大于3mm。对于直径小于3mm的气孔，可用涂料或封闭腻子处理。

6）表面凹凸：凸出部分用磨光机研磨平整，凹入部分用聚合物腻子或聚合物砂浆进行修补填平，固化后再用磨光机打磨，使表面光滑平整。

7）露出钢筋：用磨光机等将铁锈全部清除，然后进行防锈处理。也可将混凝土进行少量剔凿，将混凝土内露出的钢筋进行防锈处理，然后用聚合物水泥砂浆补抹平整。

8）混凝土基层的起霜或粉化可用清水冲洗，同时用钢丝刷刷干净，待干后即可涂漆。

9）油污、隔离剂必须用洗涤剂洗净。

3.4.2 水泥砂浆基层处理

水泥砂浆基层分离的修补：水泥砂浆基层分离时，应将其分离部分铲除，重新做基层。当其分离部分不能铲除时，可用$\phi 5$～$\phi 10$钻头的电钻钻孔，采用不使砂浆分离部分重新扩大的压力将缝隙内注入低黏度的环氧树脂，使其固结。表面裂缝用合成树脂或水泥聚合物腻子嵌平，待固结后打磨平整。

（1）当水泥砂浆面层有空鼓现象时，应铲除，用聚合物水泥砂浆修补。

（2）水泥砂浆面层有孔眼时，应用水泥素浆修补。也可从剥离的界面注入环氧树脂胶粘剂。

（3）水泥砂浆面层凸凹不平时，应用磨光机研磨平整。

3.4.3 加气混凝土板材的基层处理

（1）加气混凝土板材接缝连接面及表面气孔应全刮涂打底腻子，使表面光滑平整。

（2）由于加气混凝土基层吸水率很大，可能把基层处理材料中的水分全部吸干，因而在加气混凝土基层表面涂刷合成树脂乳液封闭底漆，使基层渗吸得到适当调整。

（3）修补边角及开裂时，必须在界面上涂刷合成树脂乳液，并用聚合物水泥砂浆修补。

3.4.4 石膏板、石棉板的基层处理

（1）石膏板不适宜用于湿度较大的基层，若湿度较大时，需对石膏板进行防潮处理。通常是在墙面刮腻子前用喷浆器（或排笔）喷（或刷）一遍防潮涂料。常用的防潮涂料有以下几种：

1）汽油稀释的熟桐油：其配比为熟桐油∶汽油＝3∶7（体积比）。

2）用硫酸铝中和甲基硅醇钠（pH值为8，含量为30％左右）。该涂料当天配制当天使用，以免影响防潮效果。

3）用10％的磷酸三钠溶液中和氯乙烯－偏氯乙烯共聚乳液（简称氯－偏共聚乳液）。

4）乳化熟桐油：其重量配合比为熟桐油∶水∶硬脂酸∶肥皂＝30∶70∶0.5∶(1～2)。

5）专用防水涂料：如LT防水涂料。无纸圆孔石膏板装修时，必须对表面进行增强防潮处理。可先用LT底漆增强，再刮配套防水腻子。

（2）石膏板多做对接缝，此时接缝及钉孔等必须用合成树脂乳液腻子刮涂打底，固化后用砂纸打磨平整。

（3）石膏板连接处可做成V形接缝。施工时，在V形缝中嵌填专用的掺合成树脂乳液石膏腻子，并贴玻璃接缝带抹压平

整，参见图 3-1。

（4）石膏板在涂刷前，应对石膏面层用合成树脂乳液灰浆腻子刮涂打底，固化后用砂子等打磨光滑平整。

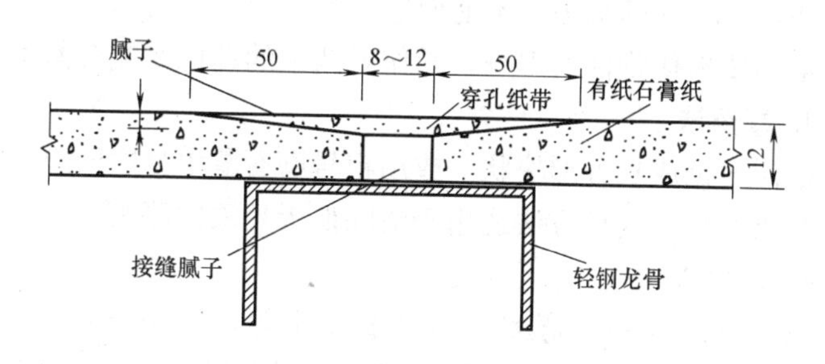

图 3-1　无缝做法

3.5 旧漆膜（浆皮）的清除及饰面翻新

在旧漆膜上重新涂漆时，可视旧漆膜的附着力和表面硬度的好坏来确定是否需要全部清除。如旧漆膜附着力很好，用一般铲刀刮不掉，用砂纸打磨时声音发脆时，可用肥皂水或稀碱水溶液清洗擦干净即可，不必全部清除。如附着力不好，已出现脱落现象，则要全部清除。

3.5.1 旧漆膜的清除

1. 碱水清洗法

把少量火碱（氢氧化钠）溶解于清水中，再加入少量石灰配成火碱水（火碱水的浓度要经过试验，以能吊起旧漆膜为准）。用旧排笔把火碱水刷在旧漆膜上，等面上稍干燥时再刷一遍，最多刷 3～4 遍。然后，用铲刀将旧漆膜全部刮去，或用硬短毛旧油刷或揩布蘸水擦洗，再用清水（最好是温水）把残存的碱水洗净。这种方法常用于处理门窗等形状复杂，面积较小的物件。

2. 火喷法

用喷灯火焰烧旧漆膜，喷灯火焰烧至漆膜发焦时，再将喷灯向前移动，立即用铲刀刮去已烧焦的漆膜。烧与刮要密切配合，漆膜烧焦后要立即刮去，不能使它冷却，因冷却后刮不掉。烧刮时尽量不要损伤物件的本身，操作者两手的动作要配合紧凑。

3. 摩擦法

把浮石锯成长方形块状，或用粗号磨石蘸水打磨旧膜，直到全部磨去为止，这种方法适用于清除低天然漆旧漆膜。

4. 刀刮法

用金属锻成圆形弯刀（刀口宽度不等，有 40cm 的长把），磨快刀刃，一手扶把，一手压住刀刃，用力刮铲。还有把刀头锻成直的，装上 60cm 的长把，扶把刮铲。这种方法较多地用于处理钢门窗和桌椅一类物件。

5. 脱漆剂（膏）法

旧漆膜可用市上出售的 T-1 型脱漆剂清除，将脱漆剂涂刷在旧漆膜上，约 0.5h 后，待旧漆膜上出现膨胀并起皱时，即可把漆刮去，然后清洗掉污物及残留的蜡质。

也可采用以下方法自配脱漆膏，使用时，将脱漆膏涂于旧漆膜表面约 2～5 层。待 2～3h 后，漆膜即破坏，用刀铲除或用水冲洗掉。如旧漆膜过厚，可先用刀开口，然后涂脱漆膏。

（1）清水 1 份、土豆淀粉 1 份、氢氧化钠水溶液（1∶1）4 份，一面混合一面搅拌，搅拌均匀后再加入 10 份清水搅拌 5～10min。

（2）将氢氧化钠 16 份溶于 30 份水中，再加入 18 份生石灰，用棍搅拌，并加入 10 份机油，最后加入碳酸钙 22 份。

（3）碳酸钙 6～10 份、碳酸钠 4～7 份、水 80 份、生石灰 12～15 份，混成糊状。

3.5.2 旧浆皮的清除

刷过粉浆的墙面、顶棚及各种抹灰面上重新刷浆时，需把旧浆皮清除掉。清除时先在旧浆皮面上刷清水，然后用铲刀刮去旧浆皮。因浆皮内还有部分胶料，经清水溶解后容易刮去。刮下的旧浆皮是湿的，不会有灰粉飞扬较为清洁。

如果旧浆皮是石灰浆类，底层是水泥或混合砂浆抹面的，则可用钢丝刷擦刮。如是石灰膏类抹面的，可用砂纸打磨或铲刀刮。石灰浆皮较牢固，刷清水不起作用。任何一种擦刮都要注意不能损伤底层抹面。

3.5.3 饰面翻新

在旧浆皮上刷新涂料，应除去粉化、破碎、生锈、变脆、起鼓等部分，否则刷上的新涂料就不会牢固。

旧漆膜不全部清除而需重新涂料时，除按上述“旧漆面的清除”“旧浆皮的清除”中各种办法清洁干净外，还应经过刷清油、嵌批腻子、打磨、修补油漆等项工序，做到与旧漆膜平整一致，颜色相同。具体涂刷操作参见本书相关各章节内容。

4 涂饰施工的基本操作技能

涂饰施工基本操作技能，一般有嵌批腻子、打磨、擦揩、刷涂、喷涂、滚涂、弹涂。

4.1 嵌批腻子

嵌批腻子（俗称刮腻子），刮腻子是涂饰施工一项重要操作技能。一般木材面、抹灰面嵌批腻子需在经过清理并达到干燥要求后进行；金属面必须经过底层除锈，涂上防锈底漆，并在底漆干燥后进行。一次填刮不宜过厚，不宜超过0.5mm，以避免腻子收缩过大而导致开裂、脱落。

4.1.1 工具选用

1. 橡胶刮板

橡胶刮板多用于涂刮圆柱、圆角及收边，常用于刮水性腻子和不平物件的头遍腻子，也可刮平面。

2. 椴木刮板

顺用椴木刮板适用于刮平面，横用椴木刮板，同于刮平面和顺着刮圆棱。

3. 硬质塑料刮板

硬质塑料刮板适用于刮涂过氯乙烯腻子（其腻子稠度低）。用法类似橡胶刮板，因其带腻子的效果不好，不宜刮涂稠腻子。

4. 钢刮板

钢刮板用于薄层腻子的刮光，可批刮要求精细的平面，如纸面石膏板接缝。

5. 牛角刮板

牛角刮板适用于木质面局部缺陷的嵌补和大面积批刮。嵌补时要向上一刮，再向下一刮，以利于填满孔眼。嵌批地板时，要将腻子顺木纹倒成一条，用刮板压紧腻子来回收刮。

6. 铲刀

铲刀适用于各类基层中的嵌补。

7. 嵌刀

嵌刀适用于嵌补木质面上的钉眼、小孔或剔除线脚处的多余腻子。

4.1.2 抹腻子

抹腻子为同一板腻子的第一步，一般先将腻子往工作面左上角打，把刮板的刃全附在工作面上，以刃的下角为转轴，围着腻子向里转半弧，这时腻子就全部控制在刮板之下。紧随着手腕往下沉，往下一抹，将这板腻子全用完，或者是已抹到头。

抹腻子的最厚层应以工作平面的最高点为准，如图 4-1 所示。如有局部腻子不够，或因物件凹陷太深，没有抹全腻子，要及时再从反方向按原手法补抹，如此重复，直到把腻子全抹到为止。

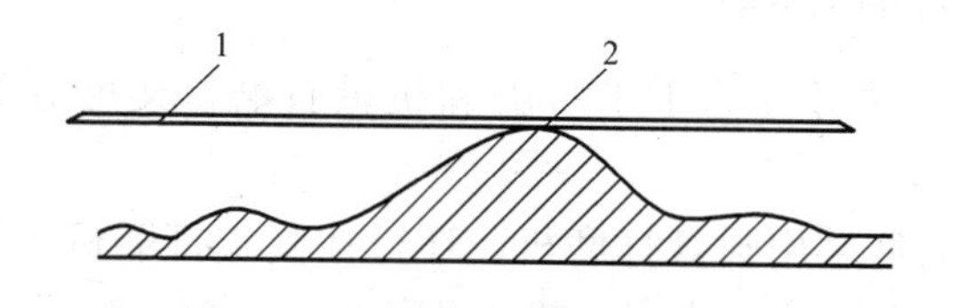

图 4-1 腻子厚度以物面最高点为准

1—抹腻子平面；2—工作面最高点

4.1.3 刮腻子

刮腻子为同一板腻子的第二步，先将剩余的腻子打在本板腻子抹面的右上角，刮板里外擦净，再接上一次抹腻子的路线，留着几毫米宽的腻子层不刮，用力按直线刮下去，保持平衡并压紧腻子。采用弧形线路，不仅刮不平也浪费腻子。当刮板刮到头时，刮板与工作面的角度应垂直竖直，以便带下剩余的腻子。把带下的腻子仍然打在本板腻子抹面的右上角。若本板腻子没有刮完，用上述方法把刮板弄净，再刮本板腻子。然后，及时抹下一板腻子，要在刮第一板的右边高棱尚未干凝以前刮好，使两板相接平整，否则两板衔接不好，易卷皮或起堆。

分段刮涂的两个面相接时，要等前一个面能托住刮板时再刮，否则易出现卷皮。

防止卷皮或发涩的办法：在同样腻子条件下，加快速度刮，或者后增添腻子以保证润滑，但涂层增厚，需费工时打磨。

4.2 打磨

打磨不仅用于基层处理，也多用于腻子、涂层处理。用来清除物件表面的毛刺、凸起、杂物。以及清除涂层的粗颗粒，消除涂膜面的粗糙不平现象，获得平整的表面。对于过于平滑的表面，经打磨后，增加粗糙度，以提高与其上涂层的结合力。

4.2.1 打磨方式

打磨方式可分为手工打磨和机械打磨，又可分为干磨和湿磨。

机械打磨采用圆盘打磨机、环行往复式打磨机、带式打磨机。其优点是生产效率高，劳动强度小，工作环境清洁，主要适用于打磨大面积的工作面。

手工打磨又分用手拿砂纸（砂布）手磨，用木板垫在砂纸（砂布）上进行打磨，称为卡板磨。

干磨指直接用木砂纸、铁砂布、浮石、滑石粉等对表面进行研磨，此法简便，适用于干硬而脆的较粗表面，或装饰性要求不太高的表面。其缺点是操作过程中产生粉尘较多，产生热量较大，容易导致涂膜软化，甚至损坏。

湿磨采用在砂纸或浮石表面泡蘸肥皂水或含有松香水的乳液作润滑剂进行打磨。其工作效率较干磨为高，粉尘少，打磨质量好。

4.2.2 打磨操作

1. 磨头遍腻子

头遍腻子粗磨时应本着“去高就低”的原则，一般采用砂轮、粗砂布打磨。

2. 磨二遍腻子

二遍腻子指头遍与末遍中间的几遍腻子。磨二遍腻子应用卡板干磨或水磨，打磨次序为：先磨平面，后磨棱角。干磨是先磨上后磨下；水磨是先磨下后磨上。

卡板磨是将 2 号砂布裹在木板上，木板的四角要着力均衡，依次打磨，纵磨一遍，横磨一遍，然后交替打磨。

大平面磨完后，若圆棱两侧出现直线，应将卡板顺着圆棱卡齐后横着顺弧打磨，如图 4-2 所示。

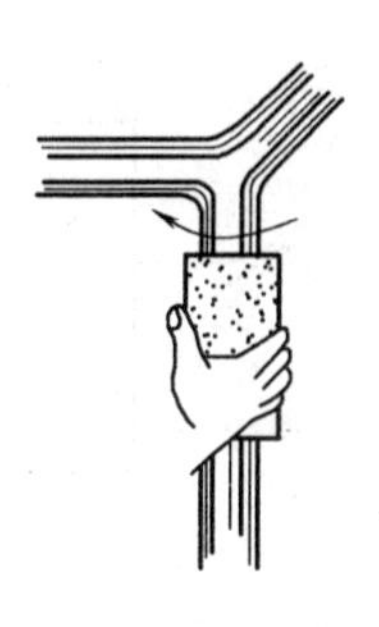

图 4-2 打磨圆棱及其两侧直线

3. 磨末遍腻子

如果末遍腻子刮得不好，要先用卡板磨平后，再手磨磨光；刮得好，只需要磨光。

手磨是用一张砂纸的 1/4 或 1/2，砂纸折叠方法如图 4-3、图 4-4 所示。握砂纸要保证砂纸在手中不移动脱落，应该是手指三上两下，将砂纸夹住抽不动为佳。使用之时再打开，磨完一面换一面。

磨砂纸应该根据不同部位采用不同姿势进行，以保证不磨掉棱角为佳。大面平磨砂纸应该由近至远，手掌两块肌肉紧贴墙面。当砂纸往前推进时，掌心两股肌肉可以同时起到检查打磨质量的作用，做到磨检同步，既节省时间、减少工序又可立即补正。木材面手磨要顺木纹。

磨平宜采用 1.5 号砂布或 150 粒度水砂纸；细磨宜使用 1～00 号砂布或 220～360 粒度水砂纸。打磨次序：先磨平面，后磨棱角。干磨是先磨上后磨下；水磨是先磨下后磨上。

手磨磨不到的地方，用砂布裹着刮刀或木条进行打磨。全部打磨完后，再复查一遍，并用手磨方法把清棱清角轻轻地倒一下，最后全部收拾干净。

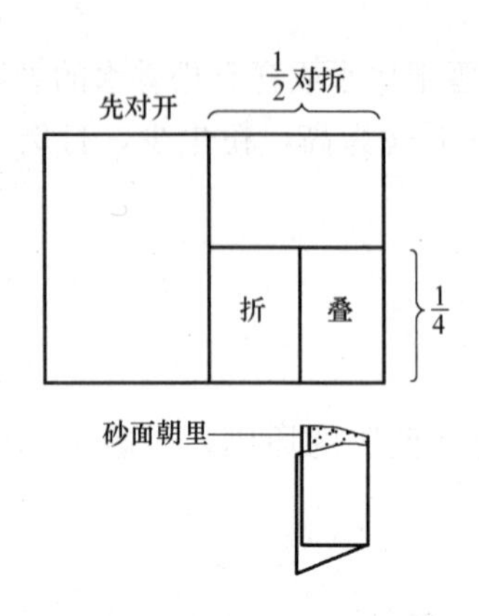

图 4-3　砂纸折叠方法（一）

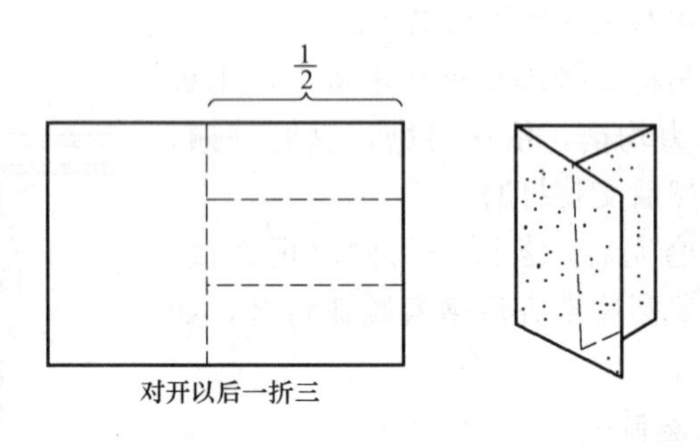

图 4-4　砂纸折叠方法（二）

4. 磨二道浆

磨二道浆应采用水磨。如浆层粗糙，可先用 180 粒度水砂纸卡板粗磨，再用 220～360 粒度水砂纸细磨；如浆层细腻，可直接进行细磨。

磨二道浆不许磨出底色，以免造成光点。水磨时，水砂纸或水砂布要在温度为 10～25℃的水中使用，以免发脆。

5. 磨漆腻子

磨漆腻子可先用 0 号砂布蘸汽油打磨，再用 360 粒度水砂纸水磨。全部磨完后，把灰擦净。

6. 磨漆皮

漆皮表面的皱皮或大颗粒较严重时，可先用溶剂溶化，使其颗粒缩小后再用水砂纸蘸汽油打磨。着力要轻，以免粘砂纸。采用干磨时，着力同样要轻。

7. 磨木毛、木刺

方法一：木基层的木毛、木刺，可用潮布擦拭表面，使木毛吸收水分膨胀竖起，干后打磨。

方法二：用排笔刷些酒精，用火燎一下，使木毛变脆。

方法三：刷一层稀虫胶漆［虫胶∶酒精＝1∶(7～8)］，干后打磨。

4.3 擦揞

4.3.1 擦填孔剂

填孔剂俗称老粉，分为水老粉、油老粉，是填孔上色、显现木纹的清水油漆涂饰不可缺少的工序。擦填孔剂要在干时，否则会造成卷皮和色泽不匀。要处处擦到，不得留穿心眼、擦痕或积粉现象。

具体操作方法如下：

(1) 用手抓住棉纱团（或麻丝、竹丝），浸透水老粉（或油老粉），然后在被涂物面上进行圈涂圈擦，使其充分填入管孔内，并均匀布满物面。

(2) 在老粉将干未干时，用干净的棉纱团或麻丝、竹丝、进行揞擦，先圈擦，把所有的棕眼（管孔）腻平，再顺着木纹揞擦，将浮在表面的老粉揞清收净。并用剔角刀或剔角筷剔清线角边角等处的积粉。

(3) 操作时，细小部位随涂随擦。大面积部位，要涂快、涂匀；尤其是接茬部位和重叠处，更要仔细，确保颜色均匀一致。

(4) 根据材质情况及吸色程度掌握擦揞力度。木质疏松及颜色较深处要揩重些，反之则轻些。

（5）颜色擦完后，直到刷油前，不得沾湿物面，以免出现色斑。

4.3.2 擦涂颜色

擦涂颜色多用于木材基层显木纹清水油漆，擦涂颜色具体操作方法如下：

先将色调成粥状，用毛刷呛色后，均刷一片物件，约 0.5m^2。用已浸湿拧干的软细布猛擦，把所有棕眼腻平，然后再顺着木纹把多余的色擦掉，使颜色均匀、物面平净。

在擦平时，布不要随便翻动，要使布下成为平底。布下成平底的指法，如图 4-5 所示。

图 4-5　布下成平底的指法

颜料多时，将布翻动，取下颜料。总的速度要在 2～3min 内完成。手下不涩，棕眼擦不平。颜料已半干，再擦就卷皮。

擦完一段，紧接着再擦下一段，间隔时间不要太长。

间隔时间长，擦好的颜料已干燥，接茬就有两色痕迹，全擦完一遍之后，再以干布擦一次，以擦掉表面颗粒。

颜色完全擦好之后，在刷油之前不得再沾湿，沾湿就会有两色。

4.3.3 擦漆片

擦漆片，主要用于底漆。水性腻子做完以后要想进行涂漆，应先擦上漆片，使腻子增加固结性。

擦漆片一般是用白棉布或白的确良包上一团棉花拧成布球，布球大小根据所擦面积而定，包好后将底部压平，或用尼龙丝团。

漆片一般用83%～90%浓度的酒精溶解，其虫胶漆含量为30%～40%，虫胶漆最好现用现配、贮存期不宜超过4个月，盛装容器不得用铁制，宜用陶瓷、玻璃制品盛装。

用布球蘸满漆片，在腻子上画圈或画“8”字形或进行曲线运动，要挨排擦均。

漆片不足、手下发涩时，要马上蘸漆片继续擦。否则会涂不匀。擦揩过程中不要停顿，因停顿处漆膜厚度增加，颜色也会变深。

4.3.4 揩腊克

硝基清漆（即腊克）的涂饰最常用揩涂，也称拖涂，揩腊克能得到高质量的漆膜。每一遍揩涂，实际上是棉球蘸漆在表面上按一定规律做多次重复的曲线运动。每揩一遍的涂层很薄，常温下每揩涂一遍表干约5min后，再揩涂下一遍，经过揩涂多遍才形成一定的厚度。

具体操作方法如下：

1. 第一遍揩涂

所用的硝基清漆黏度稍高（硝基清漆与香蕉水的比例为1∶1）。揩涂时，棉球蘸适量的硝基清漆，先在表面上顺木纹擦涂几遍。接着在同一表面上采用圈涂法，即棉球以圆圈状的移动在表面上擦揩。圈涂要有一定规律，棉球应一边转圈，一边顺木纹方向以均匀的速度移动，从表面的一头揩到另一头。揩一遍中间，转圈大小要一致，将整个表面连续从头揩到尾。在整个表面按同样大小的圆圈揩过几遍后，圆圈直径可增大，可由小圈、中圈到大圈。棉球运动轨迹，如图4-6所示，棉球的曲线运动除圈涂、8字形揩涂外，也可以呈波形、之字形及其他圆滑连续的曲线形等。

棉球在既旋转又移动的揩涂过程中，要随时轻而匀地挤出硝基清漆，随着棉球中硝基清漆的消耗逐渐加大压力，待棉球重新

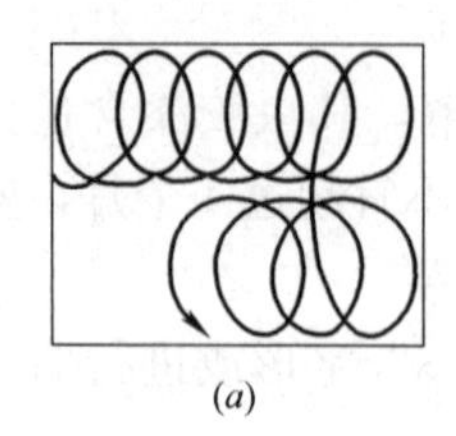
(a)

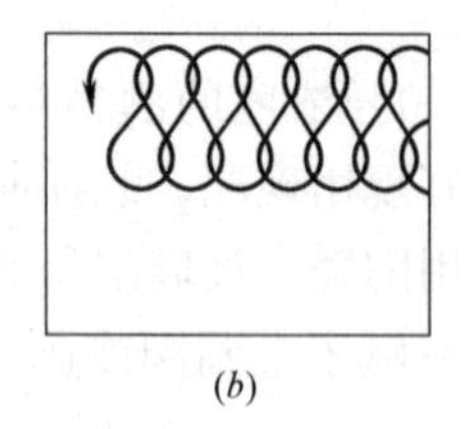
(b)

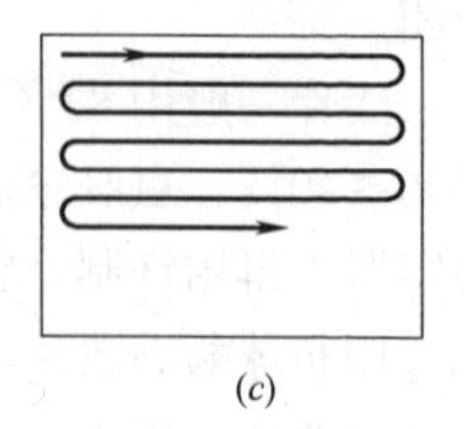
(c)

图 4-6　棉球运动轨迹
（a）圈涂；（b）8 字形涂；（c）直涂

浸漆后再减轻压力。棉球中浸漆已耗尽的（最好赶在揩到物面一头或一个表面揩完一遍后）要重新浸蘸硝基清漆继续揩涂。

连续用曲线形揩涂多次后，如留下曲线形涂痕时，一般应采用横揩、斜揩数遍后，再顺木纹直揩的方法，以求揩出的漆膜平整，并消除曲线形涂痕，这时可结束第一遍（也称第一操）揩涂。

第一次揩涂结束，要有一段静置时间，以使涂层在常温下彻底干燥，整个涂层要向管孔（棕眼）内渗陷，干后的漆膜要经过修饰（用水砂纸砂磨）才能继续进行第二遍揩涂。

2. 第二遍揩涂

第二遍揩涂过程基本同前述，只是所用硝基清漆的黏度要低些（硝基清漆与香蕉水比例约为 1∶1.5）。这次揩涂的遍数可少些。棉球的蘸漆量要比第一遍少些，用力要比第一遍重些，揩涂时间要比第一遍短些。目的在于填平渗陷的细微不平处，一般在圈涂几十遍后便顺木纹揩涂。至达一定厚度，漆膜平整后就可以结束第二遍揩涂。

第二遍揩涂后也应经过较长时间（2～3d）的静置干燥，并经修饰（水砂与抛光）后，即能获得平整光滑、具有高光泽的漆膜。

4.3.5　擦砂蜡、上光蜡

擦砂蜡、上光蜡是漆膜抛光的关键工序，可使漆膜达到镜面般光泽，增强漆膜性能，保护和延长漆膜寿命。常用于硝基漆、聚氨酯漆、丙烯酸木器漆等漆膜表面，涂硝基漆后，涂膜达不到洁净、光亮的质量要求，可以进行抛光。抛光是在涂膜实干后，用纱包涂上砂蜡按次序推擦。擦到光滑时，再换一块干净的细软布把砂蜡擦掉。然后，擦涂上光蜡。上光蜡质量差时，可用蜡将纱布润湿，不要上多，否则不亮。把上光蜡涂均匀后，使用软细纱布、脱脂棉、头发等物，快速轻擦。待光亮后间隔半日再擦，还能增加一些光亮度。

擦砂蜡具有很大的摩擦力，涂膜未干透时很容易把涂膜擦卷皮。为了确保安全，最好将抛光工序放在喷完漆两天后进行。

使用上光蜡抛光时，可采用手工抛光和机械抛光两种方法。

1. 手工抛光

将抛光膏（即砂蜡）敲碎、捻细（如砂蜡是软膏状，则可直接使用），用煤油浸泡软化调成浆糊状（不可使用汽油或其他溶剂）。

将蜡头（软质布内包棉纱头）蘸糊状砂蜡，在漆膜表面反复用力擦揩，先圈擦，后顺木纹方向擦，均匀用力。当感到漆膜表面有些“热”时，漆膜已达到一定亮度，这时用棉纱团将砂蜡揩净。

用另一个蜡头蘸煤油反复用力擦漆膜，擦法同上。要揩到擦匀，至漆膜透亮，用棉纱收净。局部未擦到或用力不够，再用蜡头局部找补，至整个面光亮一致。

上光蜡：最后，用纱布内包纱头的布团蘸油蜡（又称光蜡），在漆膜上顺着木纹用力来回擦揩。然后用干净棉纱团收净多余的光蜡，要敷到擦净。

2. 机械抛光

将砂蜡敲碎捻细与煤油混合，用 80 目筛网过滤，调成糊状。用猪毛漆刷蘸取砂蜡糊涂于布辊（俗称抛光蜡头）上或涂于工件表面。

抛光时将布辊降下，压在工件表面。布辊压力要大小适宜，过大，漆膜不出光，严重时漆膜会软化起泡，擦穿露白；过小，也抛不出光泽。启动机器进行抛光，约数分钟即可出光。用棉纱头收尽砂蜡煤油。

上光蜡操作同手工抛光。

4.4 刷涂与喷涂

4.4.1 刷涂

刷涂是用毛刷、排笔等工具在饰面上涂饰涂料的一种最基本的方法。刷涂工具简单、施工方便、适应性广。除极少数流平性较差或干燥太快的涂料不宜刷涂外，大部分油漆、乳胶漆、色浆等细粉状内外墙涂料或云母片状厚涂料均可采用。

1. 选用刷具

（1）涂刷磁漆、调和漆、底漆等黏度较大的涂料，宜选用刷毛弹性较大的硬毛扁刷。

（2）涂刷油性清漆宜选用刷毛较薄、弹性较好的猪鬃刷。

（3）涂刷硝基漆、丙烯酸清漆等树脂漆，宜选用羊毛排笔或板刷。

（4）涂刷大漆等天然漆，因黏度大，宜选用短毛、高弹性的发刷。

（5）刷涂水浆涂料及黏度较低的涂料（虫胶清漆、硝基清漆、丙烯酸清漆、聚氨酯清漆等）大多用排笔。

2. 毛刷刷涂操作

用鬃刷刷涂油漆时，刷涂的顺序宜先左后右、先上后下、先难后易、先线角后平面，围绕物件从左向右，一面一面地按顺序刷涂，避免遗漏。对于窗户，一般是先外后里，对向里开启的窗户，则先里后外；对于门，一般是先里后外，而对向外开启的门则要先外后里。

对于大面积的刷涂操作，常按开油→横油、斜油→理油的步骤刷涂，如图 4-7 所示。

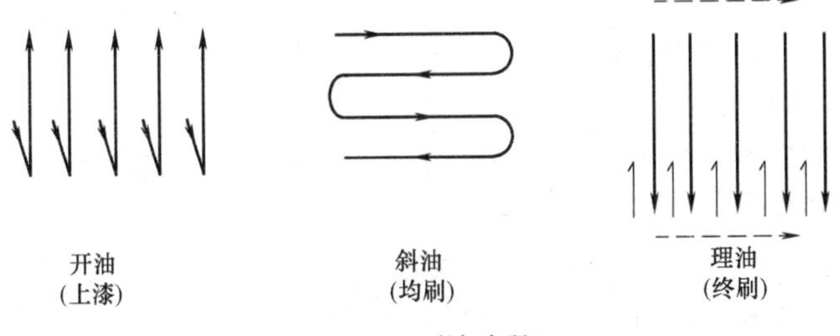

图 4-7　刷涂步骤

开油又称为摊油、上漆，是将油刷上的油漆摊铺到涂刷面上。开油前可多蘸几次漆，但每次不宜蘸得太多，刷毛入油深度为刷毛长度 1/2～1/3 为好。开油时，在工作面上半部向上走刷，将油刷背面的涂料摊在物面上，刷到头后再从上向下走刷，将正面的涂料耗去。开油时各条之间一般留有 5～6cm 的间隙。间隙的大小，依油漆的多少和基层状况而定，不吃油的物面可按三个刷面的宽度一条进行摊油。吃油的物面可少留或不留间隙。

横油、斜油是将开油的直条油漆向横的、斜的方向刷匀。此时，油刷不蘸油，而是将开油的油漆以一定的宽度，向左右刷开，也可以蛇行方向刷涂。

理油是用刷毛的前端顺木纹轻轻地一刷挨一刷地将涂料上下理顺。

按以上步骤全部刷完后，应再检查一遍，看是否已全部刷匀刷到，将刷子擦干净后再从头到尾顺木纹方向刷均匀，消除刷痕，使其无流坠、橘皮或皱纹，并注意边角处不要积油。一般来说，油性漆干燥慢，可以多刷几次，但有些醇酸漆流平性较差，不宜多次刷理。

3. 排笔刷涂操作

将蘸有浆料的笔横提到工作面上，按从左到右、从上到下、从前到后、先内后外的顺序刷涂。

蘸漆量要合适、均匀，不宜过多，不可一笔多一笔少，以免显出刷痕并造成颜色不匀。

下笔要稳、准，起笔、落笔要轻快，运笔中途可稍重些。刷平面要从左到右；刷立面要从上到下，刷一笔是一笔，两笔之间重叠一般为1/3，不可过多。

刷涂时，用力要均匀，不可轻一笔重一笔，随时注意不可刷花、流挂，边角处不得积漆。

涂刷时，其涂刷方向和行程长短均应一致。如涂料（如虫胶漆）干燥快，应勤沾短刷，接槎最好在分格缝处。

涂刷层次，一般不少于两度，在前一度涂层表干后才能进行后一度涂刷。前后两次涂刷的相隔时间与施工现场的温度、湿度有密切关系，通常不少于2～4h。

4. 边角的涂刷操作

采用滚涂、喷涂或大油刷涂饰时，工作面一些不易刷涂边角部位，常用小油刷先行刷涂，也称卡边。卡边时，走刷先与墙角或门框成垂直方向，然后再平行方向，将油漆涂料理平。

卡边的宽度一般为5～8cm。室内可采用2″～3″的油刷卡边，室外可采用3″～4″油刷卡边。在卡边油漆未干前，及时用滚涂、喷涂或大油刷涂大面。乳胶漆一类无光涂料，不易显接痕，则可在大面积涂饰前将需卡边的部位全部做完；而对于易显接茬的涂料（如有光磁漆），每次卡边的范围不宜过大，一般0.6～1m为一段。

5. 接缝部位的操作

头一刷与接缝垂直，使涂料流入缝中，第二刷顺接缝平行刷，使涂料既能进入缝中又能将多余的涂料顺缝下流。最后一遍要按整个刷涂面的刷涂方向理刷，理刷时要从接缝的高端理向低端，以免造成流淌。

4.4.2 喷涂

喷涂是用手压泵或电动喷浆机压缩空气将涂料喷射并雾化

(微粒化)于物面的机械化操作方法。其优点是涂膜外观质量好、工效高，适用于大面积施工，对于被涂物面的凹凸、曲折、倾斜、孔缝等都能喷涂均匀，并可通过涂料黏度、喷嘴大小及排气量的调节获得不同质感的装饰效果。缺点是涂料的利用率低，损耗稀释剂多。按照涂料被雾化的原理不同，可以分为气压喷涂，无气喷涂，静电喷涂，粉末喷涂等，建筑业中常用前两种。

1. 气压喷涂

气压喷涂是以喷枪为工具，利用压缩空气的气流将涂料从喷枪的喷嘴中喷成雾状，分散在物体表面，形成连续的涂层。

在喷涂施工中，涂料稠度、空气压力、喷射距离、喷枪运行中的角度和速度等方面均有一定的要求。涂料稠度必须适中，太稠，不便施工；太稀，影响涂层厚度，且容易流淌。

空气压力在 0.4～0.8N/mm² 之间选择确定，压力选得过低或过高，涂层质感差，涂料损耗多。喷水性涂料时，喷嘴和喷涂面间距离一般为 40～60cm（黏稠的油漆宜为 20～30cm），喷嘴离被涂墙面过近，涂层厚薄难控制，易出现过厚或挂流等现象；喷嘴距离过远，则涂料损耗多，如图 4-8 所示。可根据饰面要求，转动调节螺母，调整与涂料喷嘴间的距离。

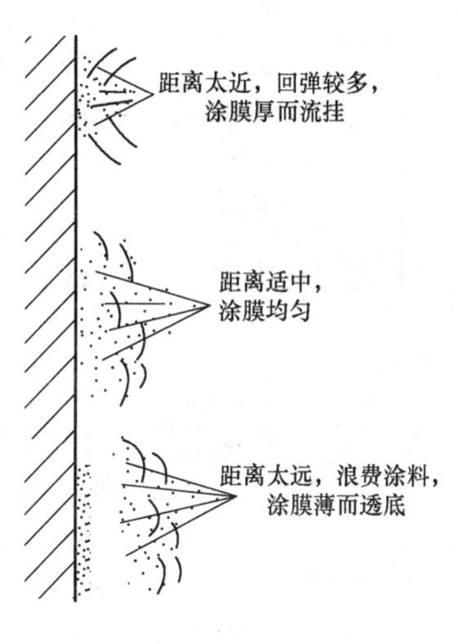

图 4-8 调整距离示意图

喷涂时应先喷门窗口附近，而后移动大面作业。喷枪运行中喷嘴中心线必须与墙面垂直（图 4-9），喷枪应与被涂墙面平行移动（图 4-10），运行速度要保持一致，以 10～12m/min 为宜，运行过快，涂层较薄，色泽不均；运行过慢，涂料粘附太多，容易流淌。喷涂施工，希望连续作业，一气呵成，争取到分格缝处再停歇。

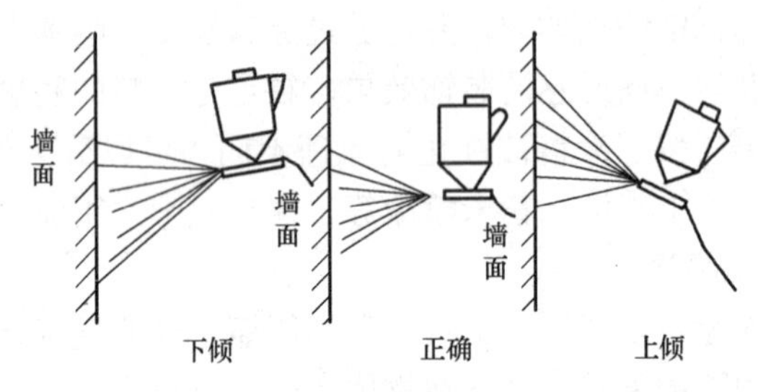

图 4-9　喷涂示意图

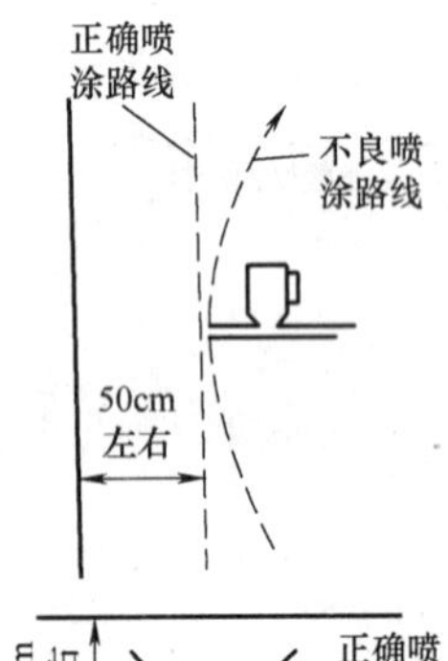

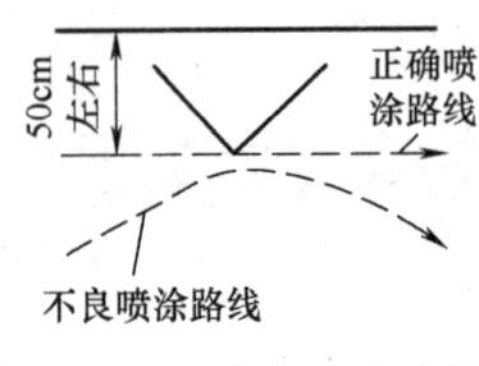

图 4-10　喷斗移动路线

室内喷涂一般先喷顶后喷墙，两遍成活，间隔时间约 2h；外墙喷涂一般为两遍，较好的饰面为三遍。喷涂时要注意三个基本要素，如图 4-11 所示。

喷枪移动路线应成直线，横向或竖向往返喷涂，往返路线应按 90°圆弧形状拐弯，而不要按很小的角度拐弯，如图 4-12 所示。

喷涂面的搭接宽度，即第一行喷涂面和第二行喷涂面的重叠宽度，一般应控制在喷涂面宽度的 1/2～1/3，以便使涂层厚度比较均匀，色调基本一致。这就是所谓“压枪喷”，如图 4-13 所示。

罩面喷涂时，喷离脚手架 10～20cm 处，往下另行再喷。作业段分割线应设在水落管、接缝、雨罩等处。

在整个喷涂作业中，要求做到涂层平整均匀，色调一致，无漏喷、虚喷、涂层过厚，以及形成流坠等现象。如发现上述情况，应及时用排笔刷涂均匀，或干燥后用砂纸打去涂层较厚的部分，再用排笔刷涂。

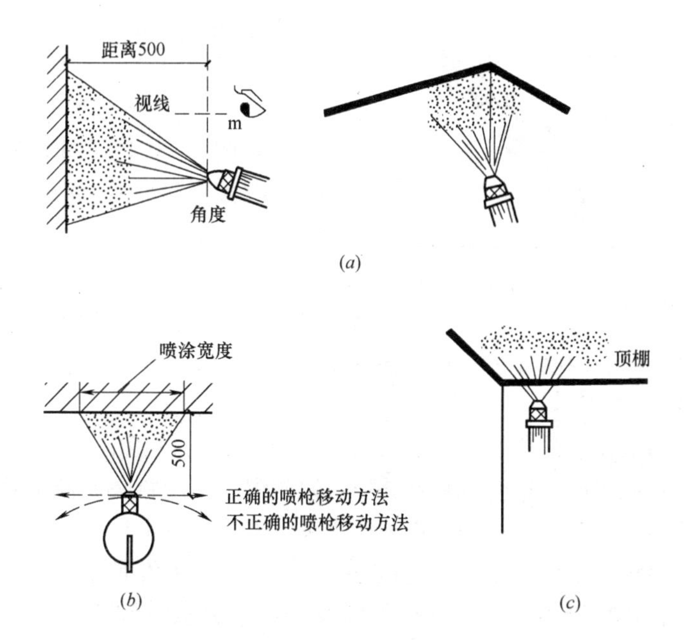

图 4-11　喷涂基本要素

（*a*）喷涂阴角与表面时一面一面分开进行；（*b*）喷枪移动方法；

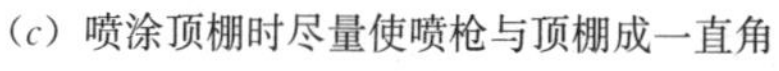

（*c*）喷涂顶棚时尽量使喷枪与顶棚成一直角

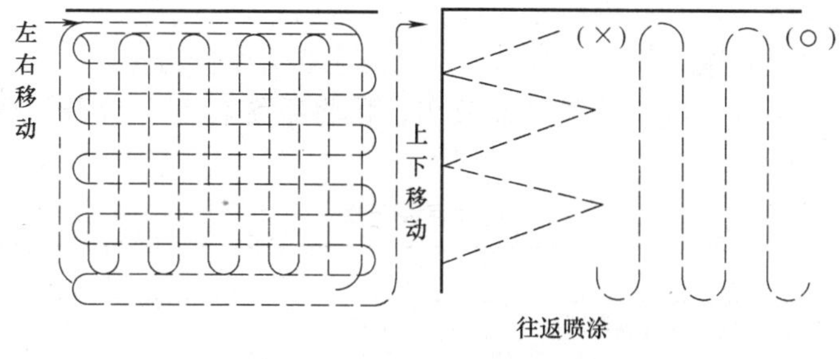

（×）为使返回点成为一个锐角

（○）防止重喷

图 4-12　喷涂移动路线

喷涂施工时应注意对其他非涂饰部位的保护与遮挡，施工完毕后，再拆除遮挡物。

2. 高压无气喷涂

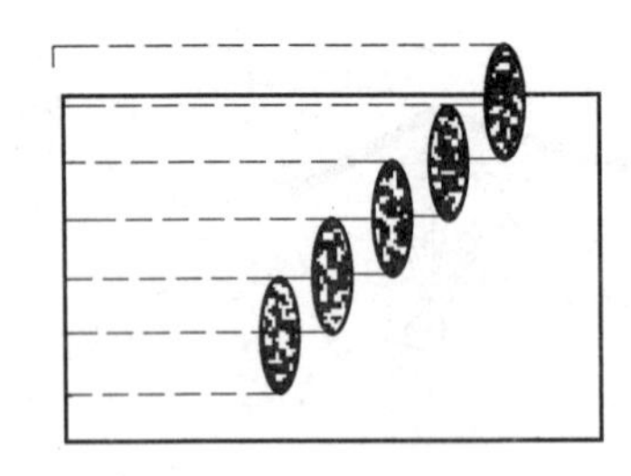

图 4-13 压枪喷法

无气喷涂也称高压无气喷涂，是利用压缩空气或电动高压泵使涂料在密闭的容器里增压至15MPa左右，再经喷嘴将增压后的涂料喷射出来。

喷涂前，应按涂料及工作对象选择合适的喷涂机和喷嘴，并按设备使用说明安装连接。喷嘴直径的选择见表 4-1。压力的选择见表 4-2。

喷涂作业前应仔细、逐段检查管路及其与设备的各个接头，胶管不能扭曲，避免踩踏和碾压，以防爆裂。涂料泵、输漆管可靠接地，以免因静电积聚而发生火灾、爆炸、电击等事故。

喷枪与工作面垂直，在两端以 45°为限，在角隅部分，应将喷枪移近喷涂点，进行适当的断续喷涂，力求达到均匀的涂膜厚度。

喷枪嘴与工作面之间距离保持 30～50cm。太远，漆面粗糙，浪费涂料；太近易产生流淌和涂膜不均。

喷涂结束时，将稀释剂打入高压泵内，再从喷枪回到稀释剂桶内。经几次循环，直至喷涂系统内无残留涂料为止。

将系统内残留的稀释剂放出，再将系统各部分分开，分别保管。

喷嘴直径选择 **表 4-1**

涂料品种	流动性	喷嘴直径(mm)
接近溶剂或水的低黏度涂料	非常稀	0.17～0.25
硝基漆、密封胶	较稀	0.27～0.33
底漆、油性清漆	中等稠度	0.33～0.45
油性色漆、乳胶漆	黏稠	0.37～0.77
沥青环氧涂料、厚浆型涂料	非常黏	0.65～1.8

压力选择　　　　表 4-2

涂料品种	常用黏度(s)	涂料压力(MPa)
硝基漆	25～35	8～10
热塑性丙烯酸树脂漆	25～35	8～10
醇酸树脂磁漆	30～40	9～11
合成树脂调和漆	40～50	10～11
热固性氨基醇酸树脂涂料	25～35	9～11
热固性丙烯酸树脂涂料	25～35	10～12
乳胶漆	35～40	12～13
油性底漆	25～35	≥12
防锈漆	50～80	≥12

注：黏度值为涂-4 黏度计所测。

4.5　滚涂与弹涂

4.5.1　滚涂操作

滚涂是用毛辊进行涂料的涂饰。其优点是工具灵活轻便，操作容易，毛辊着浆量大，较刷涂的工效高且涂饰均匀，对环境无污染，无明显刷痕和接茬，装饰质量好；缺点是边角不易滚到，需用刷子补涂。

滚涂操作应根据涂料的品种、要求的花饰确定辊子的种类，见表 4-3。

滚涂工具与用途　　　　表 4-3

序号	工具名称	尺寸(in)	用途说明
1	海绵滚涂器		
2	滚涂用涂料容器		
3	墙用滚刷器(海绵)	7,9	用于室内外墙壁涂饰
4	图样滚刷器(橡胶)	7	用于室内外墙壁涂饰
5	按压式滚刷器(塑料)	10	用于压平图样涂料尖端

施工时在辊子上蘸少量涂料后再在被滚墙面上轻缓平稳地来回滚动，直上直下，避免歪扭蛇行，滚涂路线见图 4-14。先使毛辊按倒 W 形运行，把涂料涂在墙面上；然后，做上下左右平稳的纯滚动，滚压至接茬部位或达到一定的段落时，可用不蘸涂料的空辊子滚压一遍，以保证涂层厚度一致、色泽一致、质感一致，并避免接茬部位显露明显的痕迹。

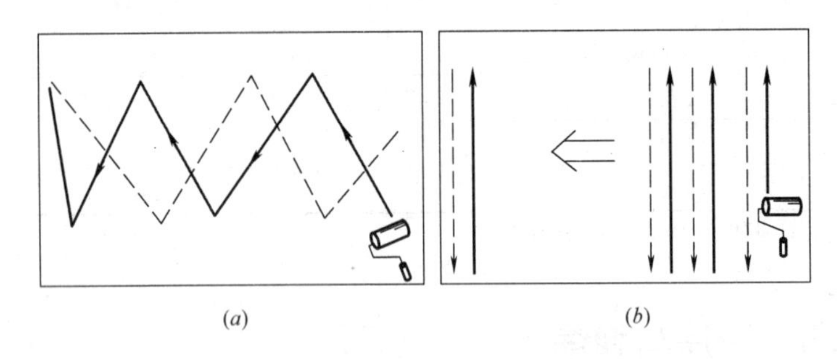

图 4-14　滚涂路线

(*a*) 滚筒毛刷的倒 W 形运行；(*b*) 滚筒毛刷的纯滚动运行

阴角及上下口等细微狭窄部分，可用排笔、弯把毛刷等进行刷涂，然后，再用毛辊进行大面积滚涂。滚花时，应将涂料调至适当黏度，并在底色浆的样板上试滚花，满意后再正式进行，操作时仍要自上而下，从左到右有序进行。滚筒运行不能太快，用力要匀，保证花纹一致，上下顺直、左右平行、一次滚成。移位时，应校正滚筒花纹的位置，使图案左右一致。

滚压一般要求两遍成活，饰面式样要求花纹图案完整清晰，均匀一致，涂层厚薄均匀，颜色协调。两遍滚压的时间间隔与刷涂相同。

4.5.2　弹涂施工

弹涂施工宜用云母片状球细料状涂料。彩弹饰面施工的全过程都必须根据事先所设计的样板上的色泽和涂层表面形状的要求进行。

在基层表面先刷 1～2 层涂料，作为底色涂层。待底色涂层干燥后，才能进行弹涂。门窗等不必进行弹涂的部位应予遮挡。

弹涂时，手提彩弹机，先调整和控制好浆门、浆量和弹棒，然后开动电机，使机口垂直对正墙面，保持适当距离（一般为 30～50cm），按一定手势和速度，自上而下，自右（左）至左（右），循序渐进，要注意弹点密度均匀适当，上下左右接头不明显。

对于压花型彩弹，在弹涂以后，应有一人进行批刮压花，弹涂到批刮压花之间的间歇时间，视施工现场的温度、湿度及花型等不同而定。

压花操作要用力均匀，运动速度要适当，方向竖直不偏斜，刮板和墙面的角度宜在 15°～30°之间，要单方向批刮，不能往复操作，每批刮一次，刮板须用棉纱擦抹，不得间隔，以防花纹模糊。

大面积弹涂后，如出现局部弹点不匀或压花不合要求影响装饰效果时，应进行修补，修补方法有补弹和笔绘两种。修补所用的涂料，应该用与刷底或弹涂同一颜色的涂料。

5 涂饰施工操作

涂饰工程施工应按“基层处理→底涂层→中涂层→面涂层”的顺序进行，涂饰材料应干燥后方可进行下一道工序施工；后一遍涂刷必须待前一遍材料表面干燥（或实干）后进行，以确保各层材料间牢固结合。“表干”是指涂层表面成膜的时间，“实干”是指涂层全部形成固体涂膜的时间，具体应按产品性能要求。

涂饰材料应涂饰均匀，各层涂饰材料应结合牢固；旧墙面重新复涂时，应对不同基层进行不同处理。

5.1 木基层涂饰操作

5.1.1 木基层常用涂料的涂刷要点

常用涂料的涂刷要点，见表 5-1。同种涂料在金属基层、混凝土和抹灰面基层上的涂刷也可参考。

常用涂料的涂刷要点　　表 5-1

涂料名称	涂 刷 要 点
清油	(1)清油中要适当加入少量颜料,使清油带色,以利于调整新旧材面的色泽,同时也便于检查是否刷到、刷匀。 (2)如刷涂时间较长,清油内稀料蒸发变稠,应及时加入稀料调整黏度,夏天也可适当加些煤油

续表

涂料名称	涂刷要点
油色	(1)刷涂时一定要逐段、逐面进行,拼缝、接头处要处理好,不能刷后留下明显的拼接痕迹。 (2)油色干燥快,所以刷油色时动作应敏捷,要求无缕无节、横平竖直。 (3)顺着木纹刷涂,顺油时,刷子要轻飘,避免出刷绺。 (4)在一个面上进行刷涂时,油色不能沾到未刷的面上,不注意沾上时要及时擦揩干净,以保证刷面均匀一致、色泽清晰。 (5)每个物面都要从不显眼或阴暗的背面先上手刷涂,最后刷涂显眼部位。 (6)油色干燥后,可用干净揩布擦揩,并清扫尘土,也可先刷一遍漆片后再用全旧砂纸打磨,而不要直接用新砂纸打磨,这是因为油色是"料重油轻",干后漆膜不太坚固,用新砂纸打磨容易把漆膜磨破,而造成色泽不一致,如发生这种现象,要进行修色。 (7)木材表面上的黑斑、节疤、材色不一致处,要用漆片、酒精加色调配(颜色同样板色)后修色。材色深的修浅,浅的修深,将深浅色木料拼成一色
水色	(1)刷水色的颜料可先用热水把颜料泡溶,以使其充分溶解。颜料与水的比例要视具体要求而定,颜色浓的应多加点颜料。使用前要另用小木块刷涂试色。 (2)刷水色要求木材面磨光。木材由于吸湿起毛,着色剂在木毛根部周围沉淀较多,干后形成深色环状,所以要特别注意材料的表面处理。 (3)刷涂时,需选毛质柔软、能吸着多量着色剂的排笔或漆刷,先用排笔多蘸些水色,先横竖刷涂使着色剂均匀地渗进木材管孔内。再在水色未干前用毛刷顺木纹将水色理通理顺,用力要均匀而轻柔。局部吸色过多时,要用湿抹布擦淡些。 (4)刷涂宜一次完成,否则容易产生着色不均。 (5)用过的刷子要及时清洗,否则含着色剂的刷毛干燥后再使用时,会产生着色不均。 (6)木材的横断面渗透性强,可先涂水后再刷水色,也可先上一遍封闭底漆再上水色
虫胶清漆(酒色)	(1)虫胶清漆挥发快,刷涂时动作要快,在较短时间内一个部位一个部位地按顺序刷涂,刷一个面、清一个面。避免在一处多次刷涂。 (2)刷涂时,运笔过程用力要均匀,从落笔到起笔,用的腕力为轻—重—轻,一笔刷好后,下一笔要与上一笔重叠1/3。 (3)一般由窗边开始向远处刷涂,为避免显刷痕,要迎着房间主光线照射的方向收刷。刷涂顶棚、墙面等大面积时,间断点应选择在墙角、门窗口等房屋的自然分界部位。 (4)每个刷涂段不宜过宽,以保证相互衔接时边缘还未干,不显接痕。 (5)虫胶清漆怕潮湿和低温,冬季施工环境温度应在15℃以上

续表

涂料名称	涂刷要点
酚醛清漆、醇酸清漆	(1)酚醛清漆、醇酸清漆黏度高、干燥慢,应选用猪鬃油刷。 (2)摊油时用力稍重、理油时力度逐步减轻,最后用油刷的毛尖轻轻收理平直
硝基清漆	(1)硝基清漆黏度高,挥发快,不易刷涂。 (2)刷具可用富有弹性的旧排笔,最好将刷过虫胶清漆的旧排笔,用酒精洗净虫胶漆后,用香蕉水洗净再用。 (3)每笔刷涂面积要一致(40~50cm),顺木纹刷,不能来回多刷,否则会出现皱纹或将下层漆膜拉起。 (4)第一遍可稍稠,以后几遍要逐渐稀释后刷涂
聚氨酯清漆和丙烯酸清漆	(1)聚氨酯清漆和丙烯酸清漆含固量高、黏度高、流平性好。 (2)刷涂时要掌握各道涂层的干燥时间。常温下,涂层间应留有0.5h以上的自干时间,但也不能过长。否则,漆膜坚硬,不易打磨,且涂层间结合力变弱,容易出现分层脱皮现象。聚氨酯清漆每涂一层在常温下间隔约1h,最后一层干燥24~48h。 (3)聚氨酯清漆宜多层薄涂,每层厚度不超过35μm(微米)。空气相对湿度应在70%以下,否则易出现气泡。 (4)丙烯酸木器漆常温下干燥为4~6h,最后一遍需常温下干燥24~36h后方可水砂抛光
铅油	(1)木质面上刷铅油可用刷过清油的油刷操作。 (2)要顺木纹刷,而不能横刷乱涂。线角处不能刷得过厚,以免产生皱纹。里外分色及裹棱分界线要刷得齐直,达到界线分明。 (3)小面积的狭长木条可用油刷侧面上油,刷到后再用油刷将大面理顺。 (4)在大面积的木材面刷铅油,可采用"开油→横油→斜油→理油"的操作方法。 (5)抹灰面上刷铅油可使用3英寸油刷或16管排笔操作,一般是用刷过清油的油刷或排笔。头道铅油要配得较稀些,以便于刷开、刷匀。3.5m高度以内的墙面,一般两人上下配合刷油。超过此高度,要适当加人,刷法与大面积木材面刷油相同。次序是先从不显眼处刷起,一般是先从门后暗角刷起,两人上下要互相配合,不使接头处有重叠现象
调和漆	(1)刷调和漆时,可使用刷过铅油的油刷操作,新油刷反而不好,易留刷痕。刷调和漆时,油刷毛不能过长和过短。刷毛过长,油漆不易刷匀,容易产生皱纹、流坠现象;刷毛过短,会产生漆膜上有刷痕和露底等疵病。 (2)刷调和漆的方法与刷铅油相同,但调合漆的黏度较大,刷涂时要多刷、多理。 (3)刷完一樘门或窗时要仔细检查,及时发现并修整疵病。还要保持环境卫生,防止污物、灰尘沾污油面

续表

涂料名称	涂 刷 要 点
油基磁漆	(1)磁漆较稠,刷涂时必须用刷过铅油的油漆刷操作,避免新油刷易留刷痕。刷毛长短要适中,长则不易刷匀,易产生皱纹、流坠;短则易留刷痕、露底等。 (2)磁漆黏度较大,施涂时要均匀,不露底,做到多刷多理。 (3)磁漆流动性强,干燥快,开油时,片段不可过大,要将油摊匀、摊足,走刷时感觉各段要一致,油多则发滑,油少则发涩。 (4)理油时走刷要平稳均匀,收刷时要有力
无光油	(1)无光油的操作方法与刷铅油一样,但这种油漆干燥快,刷时一定要两人配合好,动作快,刷匀,接头处要用排笔或油刷刷开、刷匀,再轻轻理直。 (2)每个刷面全部刷完后再刷下个刷面。 (3)每遍油漆需经过 24h 后才能进行下遍刷油
乳胶漆	(1)乳胶漆开桶后加水要适当,调配时不能太稠,一般水量不要超过乳胶漆重量的 20%,最好在 10%～15%之内,太稠会刷不开,起胶花;太稀则影响漆膜质量。 (2)乳胶漆干燥快,大面积刷涂时应多人配合,流水作业,互相衔接,顺一个方向刷,必须把接头搭接好。一个刷面应一次完成。 (3)宜用排笔刷或滚涂,两遍漆之间一般间隔 2h

5.1.2 木饰面施涂溶剂型混色涂料

多用于中、高级民用建筑的木门窗、门窗套、木护墙、木踢脚、木制固定家具、楼梯扶手等木料表面。

1. 工艺流程

基层处理→刷清油打底→局部刮腻子、磨光→满刮腻子、磨光→刷第一遍调合漆、磨光→(安装玻璃)→刷第二遍调合漆、磨光→刷最后一遍调合漆→清理交工。

2. 施工操作要点

(1) 基层处理：在施涂前，应除去木质表面的灰尘、油污胶迹、木毛刺等，对缺陷部位进行填补、磨光、脱色处理。

(2) 刷清油打底：严格按先上后下、先左后右、从外到里的涂刷顺序，要刷到刷匀。

(3) 局部刮腻子、磨光：清油干透后，用牛角漆刮将所有钉孔、裂缝、节疤榫头间隙、拼缝、合页孔隙及边棱残缺等用腻子填嵌平整。嵌刮腻子时，牛角漆刮与木料面夹角宜为50°～60°，来回一次压实刮平。腻子干后，用1号木砂纸磨平磨光，不得将棱角磨圆和磨破油膜，磨后用油刷由上而下将浮屑和粉尘措干净。

(4) 满刮腻子：先将腻子按条状平行地刮在物面上，再横向将腻子匀开，最后纵向刮平，厚度宜薄不宜厚。刮腻子时，漆刮与物面的夹角宜为30°～40°，用力应均匀，来回数次不宜过多。

(5) 磨光：腻子干透后，用1号木砂纸顺木纹打磨平整光滑，线脚处用砂纸角或对折的砂纸边部打磨，不得漏磨和磨穿，注意不要留松散腻子痕迹。木基层上尖锐的阳角宜磨成微小的圆角。磨完后清扫干净，并用湿布粉尘揩干净，晾干。

(6) 刷第一遍调合漆：调合漆黏度较大，要多刷、多理、涂刷油灰时要等油灰有一定强度后进行，并要盖过油灰0.5～1.0nm，以起到密封作用。用刷过清油的油刷操作，涂刷应与木纹方向一致，顺序同刷清油打底，线角处不宜刷得过厚，内外分色的分界线应刷得齐直。操作时注意：

1) 油刷蘸漆时，应少蘸、勤蘸，油刷浸入漆内不宜超过毛长的2/3，蘸好后将油刷两面各在漆桶边轻拍一下，既可使多余的漆回桶，避免滴落沾污其他物面，又能防止在立面上形成流坠。

2) 小面积狭长木条可用油刷侧面上油，刷到后再用平面(大面)理顺。

3) 在门芯板或大面积木料上面涂刷，可采用“开油”(延长每隔50～60mm刷一长条)、“横油、斜油”(横向和斜向刷开)、“理油”(最后沿长向轻轻理顺)。

4) 涂刷时，油刷应拿稳，条路应准确，接头处油刷应轻刷，不显刷痕，漆面应均匀平滑，色泽一致。刷完后应检查有无漏刷处。

5) 门、窗及木饰面刷完后要仔细检查，看有无漏刷处，最后将活动扇做好临时固定。

（7）复补腻子：混色漆干透后，对底腻子收缩处或有残缺处，用稍硬较细的加色腻子嵌补、批刮一次，具体要求见上述（3）。

（8）打砂纸（安装玻璃）：待腻子干透后，用1号砂纸打磨，其操作方法及要求同上（5）。然后安装玻璃。

（9）刷第二遍调合漆：刷漆同（6）。如木门窗有玻璃，用潮布或废报纸将玻璃内外擦干净，应注意不得损坏玻璃四角油灰和八字角（如打玻璃胶应待胶干透）。打砂纸要求同施工工艺要点（5）。使用新砂纸时，须将两张砂纸对磨，把粗大砂粒磨掉，防止划破油漆膜。

（10）刷最后一遍油漆：要注意油漆不流不坠、光亮均匀、色泽一致。油灰（玻璃胶）要干透，要仔细检查，固定活动门（窗）扇，注意成品保护。

（11）冬期施工：室内应在供暖条件下进行，室温保持均衡，温度不宜低于10℃，相对湿度不宜大于60%。设专人负责开、关门、窗以利排湿通风。

5.1.3 木饰面施涂丙烯酸清漆磨退

多用于高级民用建筑木护墙、硬木门窗、门窗套、固定家具、楼梯硬木扶手等木材表面。

1. 工艺流程

基层处理→润油粉→满批色腻子、磨光→刷第1道醇酸清漆→点漆片修色、磨光→刷第2道醇酸清漆、磨光→刷第3道醇酸清漆、磨光→刷第4道醇酸清漆、磨光→刷第1道丙烯酸清漆、磨光→刷第2道丙烯酸清漆、磨光→打砂蜡→擦上光蜡→清理交工。

2. 施工操作要点

（1）基层处理：首先清除木料表面的尘土和油污。如木料表面沾污机油，可用汽油或稀料将油污擦洗干挣。清除尘土、油污后用砂纸打磨，大面可用砂纸包 5cm 见方的短木垫着磨。要求磨平、磨光，并清扫干净。

（2）润油粉：油粉是根据样板颜色用钛白粉、红土粉、黑漆、地板黄、清油、光油等配制而成。油粉调得不可太稀，以调成粥状为宜。润油粉刷擦均可，擦时用麻绳断成 30～40cm 长的麻头来回揉擦，边角要擦到、擦净，线角要用刮板剔净。

（3）满刮色腻子：色腻子由石膏、光油、水和石性颜料调配而成。色腻子要刮到、收净，不应漏刮。

（4）磨光：待腻子干透后，用 1 号砂纸打磨平整，磨后用干布擦抹干净。再用同样的色腻子满刮第二道，要求和刮头道腻子相同。刮后用同样的色腻子将钉眼和缺棱掉角处补抹腻子，抹得饱满平整。干后磨砂红，打磨平整，做到木纹清，不得磨破棱角，磨完后清扫，并用湿布擦净、晾干。

（5）刷第一道醇酸清漆：涂刷时要横平竖直、厚薄均匀、不流不坠 、刷纹通顺，不许漏刷，干后用 1 号砂纸打磨，并用湿布擦净、晾干。以后每道工序间隔时间，一般夏季 6h，春、秋季约 12h，冬季为 24h 左右，时间稍长一些更好。

（6）点漆片修色：漆片用酒精溶解后，加入适量的石性颜料配制而成。对已刷过头道漆的钉眼、节疤等处进行修色，漆片加颜料要根据当时颜色深浅灵活掌握，修好的颜色与原来的颜色要基本一致。

（7）刷第二道醇酸清漆：先检查点漆片修好，如符合要求便可刷第二道清漆，待清漆干透后，用 1 号砂纸打磨，用湿布擦干净，再详细检查一次，如有漏抹的腻子和不平处，需要复抹色腻子，干后局部磨平，并用湿布擦净。

（8）刷第三道醇酸清漆：待第二道醇酸清漆干后，用 280 号水砂纸打磨，磨好后擦净，其余操作方法同上。

（9）刷第四道醇酸清漆：刷完第四道醇酸清漆后，要等4～6d 后用 280～320 号水砂纸进行打磨，磨光、磨平，磨后擦干净。

(10) 刷第一道丙烯酸清漆：丙烯酸清漆分甲乙两组，一号为甲组，二号为乙组，配合比为一号 40%，二号 60%（重量比），根据当时气候加适量稀释剂二甲苯。由于这种漆挥发较快，要用多少配制多少，最好按半天工作量计算。刷时要求动作快、刷纹通顺、厚薄均匀一致、不流不坠，不得漏刷，干后用 320 号水砂纸打磨，磨完后用湿布擦净。

(11) 刷第二道丙烯酸清漆：待第一道刷后 4～6h，可刷第二道丙烯酸清漆，刷的方法和要求同第一道。刷后第二天用 320～380 号水砂纸打磨，磨砂纸用力要均匀，从有光磨至无光直至“断斑”，不得磨破棱角，磨后擦抹干净。

(12) 打砂蜡：首先将原砂蜡掺煤油调成粥状，用双层呢布头蘸砂蜡往返多次揉擦，力量要均匀，边角线都要揉擦，不可漏擦，棱角不要磨破，直到不见亮星为止。最后用干净棉丝蘸汽油将浮蜡擦净。

(13) 擦上光蜡：用干净白布将上光蜡包在里面，收口扎紧，用手揉擦，擦匀、擦净直至光亮为止。

(14) 冬期施工：室内油漆工程应在供暖条件下进行，室温保持均衡，不宜低于 10℃，且不得突然变化。应设专人负责测量和开关门窗，以利通风排除湿气。

5.1.4 木饰面施涂清漆涂料

1. 工艺流程

基层处理→润色油粉→满批油腻子→刷油色→刷第一道清漆→修补腻子→修色、磨光→刷第二道清漆→刷第三道清漆→清理交工。

2. 施工操作要点

(1) 处理基层：清扫、起钉子，用刮刀将木门窗和木料表面基层面上的灰尘、油污、斑点、胶迹等用刮刀或碎玻璃片刮除干净。注意不要刮出毛刺，也不要刮破抹灰墙面。

木门窗基层有小块活翘皮时，可用小刀撕掉。重皮的地方应用小钉子钉牢固，如重皮较大或有烤煳印疤，应由木工修补。

（2）磨砂纸：用1号以上砂纸顺木纹打磨，先磨线角，后磨四口平面，直到光滑为止，节疤处点2～3遍漆片。

（3）润油粉：按设计规定的颜色配好油粉，盛在小油桶内。用棉丝蘸油粉反复涂于木料表面，擦进木料鬃眼内，而后用麻布或木丝擦净，线角应用竹片除去余粉。

注意墙面及五金上不得沾染油粉。待油粉干后，用1号砂纸轻轻顺木纹打磨，先磨线角、裁口，后磨四口平面，直到光滑为止。注意保护棱角，不要将鬃眼内油粉磨掉。磨完后用潮布将磨下的粉末、灰尘擦净。

（4）满批油腻子：抹腻子的重量配合比为石膏粉20，熟桐油7，水50（重量比），并加颜料调成油色腻子（颜色浅于样板1～2色），要注意腻子油性不可过大或过小，如油性大，刷时不易浸入木质内，如油性小，则易钻入木质内，这样刷的油色不易均匀，颜色不能一致。

用开刀或牛角板将腻子刮入钉孔、裂纹、鬃眼内。刮抹时要横抹竖起，如遇接缝或节疤较大时，应用开刀、牛角板将腻子挤入缝内，然后抹平。腻子一定要刮光，不留野腻子。待腻子干透后，用1号砂纸轻轻顺木纹打磨，先磨线角、裁口，后磨四口平面，注意保护棱角，来回打磨至光滑为止。磨完后用湿布将磨下的粉末擦净。

（5）刷油色：先将铅油（或调合漆）、汽油、光油、清油等混合在一起过箩（颜色同样板颜色），然后倒在小油桶内，使用时经常搅拌，以免沉淀造成颜色不一致。刷油色时，应从外至内，从左至右，从上至下进行，顺着木纹涂刷。

刷门窗框时不得污染墙面，刷到接头处要轻飘，达到颜色一致；因油色干燥较快，所以刷油色时动作应敏捷，要求无缕无节，横平竖直，刷油过刷子要轻飘。

刷木窗时，刷好框子上部后再刷亮子；亮子全部刷完后，将梃钩勾住，再刷窗扇；如为双扇窗，应先刷左扇后刷右扇；三扇窗最后刷中间扇；纱窗扇先刷外面后刷里面。刷木门时，先刷亮子后刷门框、门扇背面，刷完后用木楔将门扇固定，最后刷门扇正面；全部刷好后，检查是否有漏刷，小五金上沾染的油色要及时擦净。

因油色涂刷时易被木料吸收，不易刷匀，涂刷后要求颜色一致、不盖木纹，因此涂刷时：

1）动作要快，顺木纹涂刷，收刷、理油时都要轻快，不可留下接头刷痕，每个刷面要一次刷好，不可留有接头。

2）在一个面上涂刷时，油色不得沾到未刷的面上，如沾到应及时擦干净，以确保刷面色泽一致。

3）每个刷面要一次刷好，应先从小面着手，最后刷到大面部位，接头处应刷匀。如刷面较大，宜两人配合操作。

4）油色干透后，不宜磨砂纸，应用干净揩布或油刷揩擦。

（6）刷第一道清漆：刷法与刷油色相同，但刷第一遍用的清漆应略加一些稀料便于快干。因清漆黏性较大，最好使用已用出刷口的旧刷子，刷时要注意不流、不坠，涂刷均匀。待清漆完全干透后，用1号或旧砂纸彻底打磨一遍，将头遍清漆面上的光亮基本打磨掉，再用潮布将粉尘擦净。

（7）复补腻子：一般要求刷油色后不抹腻子，如刷面上有局部缝隙和棱角不全处，可用油性略大的带色腻子复补。操作时必须使用牛角板刮，复补腻子要收刮干净、平滑、无腻子疤痕（有腻子疤必须点漆片处理）。

（8）修色、磨光：木料表面上的黑斑、节疤、腻子疤和材色不一致处，应用漆片、酒精加色调配（颜色同样板颜色），或用由浅到深清漆调合漆和稀释剂调配，进行修色；深色应修浅，浅色应提深，如有木纹断去处，应绘出木纹。

待漆膜干透后用0号木砂纸或旧砂纸，顺木纹轻轻往返打磨至漆面上的光亮基本上打磨掉，再用湿布将粉尘擦净待干。

（9）刷第二道清漆：应使用原桶清漆不加稀释剂（冬季可略加催干剂），刷油操作同前，但刷油动作要敏捷、多刷多理，漆涂刷得饱满一致，不流不坠，光亮均匀，刷完后再仔细检查一遍，有毛病要及时纠正。刷漆操作同刷第一道清漆，但动作要快，多刷多理，涂刷饱满、不流不坠、光亮均匀。涂刷后一道油漆前应打磨消光。

（10）刷第三遍清漆：待第二遍清漆干透后，首先要进行磨光，然后过水布，最后刷第三遍清漆，刷法同前。

（11）冬期施工：室内油漆工程，应在供暖条件下进行，室温保持均衡，温度不宜低于10℃，相对湿度不宜低于60%，不得有突然变化。同时应设专人负责测温和开关门窗，以利通风排除湿气。

5.1.5 木饰面施涂混色磁漆磨退

多用于高级民用建筑的木门窗、门窗套、木护墙、木踢脚、木制固定家具、楼梯扶手等木材表面。

1. 工艺流程

基层处理→刷清油打底→局部批腻子、磨光→满批腻子、磨光→满批第二道腻子、磨光→刷第一道磁漆→修补腻子→刷第二、三、四道磁漆→磨退→打砂蜡→擦上光蜡→清理交工。

2. 施工操作要点

（1）基层处理：先用开刀或碎玻璃片将木料表面的油污、灰浆等清理干净，然后磨一遍砂纸，要磨光、磨平，木毛茬要磨掉，阴阳角胶迹要清除，阳角要倒棱、磨圆，上下一致。

（2）刷清油打底：严格按先上后下、先左后右、从外到里的涂刷顺序，要涂刷均匀、不可漏刷。

（3）局部刮腻子、磨光：清油干透后，用牛角漆刮将所有钉孔、裂缝、节疤榫头间隙、拼缝、合页孔隙及边棱残缺等用腻子填嵌平整，拌合腻子时可加适量磁漆。嵌刮腻子时，牛角刮面与木料面夹角宜为50°～60°，来回一次压实刮平。腻子干后，用1号木砂纸磨平磨光，不得将棱角磨圆和磨破油膜，磨后用油刷由上而下将浮屑和粉尘掸干净。

（4）满刮腻子：加适量磁漆，腻子要调得稍稀，要刮光刮平。用板刮或漆刮，先将腻子按条状平行地刮在物面上，再横向将腻子匀开，最后纵向刮平，厚度宜薄不宜厚。刮腻子时，漆刮与物面的夹角宜为30°～40°，用力应均匀，来回数次不宜过多。

（5）磨砂纸：腻子干透后，用1号木砂纸顺木纹打磨平整光滑，线脚处用砂纸角或对折的砂纸边部打磨，不得漏磨和磨穿。木基层上尖锐的阳角宜磨成微小的圆角。磨完后清扫干净，并用湿布将粉尘揩干净，晾干。

（6）满批第二道腻子、磨光：要求平整、光滑、阴角要直，大面可用钢片刮板刮，小面用铲刀刮。

（7）刷第一道醇酸磁漆：头道漆可加入适量醇酸稀料调得稍稀，要注意横平竖直涂刷，不得漏刷和流坠，待漆干透后进行磨砂纸，清扫并用湿布擦净。如发现有不平之处，要及时复抹腻子，干燥后局部磨平、磨光，清扫并用湿布擦净。刷每道漆间隔时间，应根据当时气温而定，一般夏季约6h，春、秋季约12h，冬季约为24h。

（8）修补腻子：将不平之处补平，干后局部磨平，磨光并擦净浮尘。

（9）刷第二道醇酸磁漆：刷这一道不加稀料，注意不得漏刷和流坠。干透后磨水砂纸，如表面痱子疙瘩多，可用280号水砂纸磨。如局部有不光、不平处，应及时复补腻子，待腻子干透后，磨砂纸，清扫并用湿布擦净。刷完第二道漆后，便可进行玻璃安装工作。

（10）刷第三道醇酸磁漆：刷法与要求同第二道，这道可用320号水砂纸打磨，但要注意不得磨破棱角，要达到平和光，磨好以后应清扫并用湿布擦净。

（11）刷第四道醇酸磁漆、刷漆的方法与要求同上。

（12）磨退：一般刷完7d后，用经热水泡软后的320～400号水砂纸（打磨大面时可将水砂纸包橡皮后磨），蘸肥皂粉溶解的水进行磨退。磨时应用力均匀，将刷纹基本磨平，从有光磨至无光，注意不应磨破棱角。打磨砂纸要在涂刷完后进行。磨好后用湿布擦净待干。

（13）打砂蜡：先将砂蜡加入煤油调成粥状，然后用棉丝蘸上砂蜡涂满一个门面或窗面，用棉丝来回揉擦往返多次，揉擦时用力要均匀，擦至出现暗光，大小面上下一致为准（不得磨破棱角），最后用棉丝蘸汽油将浮蜡擦洗干净。

（14）擦上光蜡：用干净棉丝蘸上光蜡薄薄的抹一层，注意要擦匀擦净，达到光泽饱满为止。

（15）冬期施工：室内油漆工程在供暖条件下进行，室温保持均衡，一般宜不低于 10℃，且不得突然变化。同时应设专人负责测温和开关门窗，以利通风排除湿气。

5.1.6　木地板施涂清漆打蜡

1. 工艺流程

地板面清理→磨砂纸→刷清油→嵌缝、批腻子→磨砂纸→复找腻子→刷第一遍油漆→磨光→刷第二遍油漆→干后刷交活。

2. 木地板刷调和漆

（1）地板面的处理：将表面的尘土、污物清扫干净，并将其缝隙内的灰砂剔扫干净。用 1½号木砂纸磨光，先磨踢脚板，后磨地板面，均应顺木纹打磨，磨至以手摸不扎手为好，然后用 1 号砂纸加细磨平、磨光，并及时将磨下的粉尘清理干净，节疤处点漆片修饰。

（2）刷清油：清油的配合比以熟桐油：松香水＝1：2.5 较好，这种油较稀，可使油渗透到木材内部，防止木材受潮变形及增强防腐作用，并能使后道腻子、刷漆油等能很好地与底层粘结。涂刷对应先刷踢脚，后刷地面，刷地面时应从远离门口一方退着刷。一般的房间可两人并排退刷，大的房间可组织多人一起退刷，使其涂刷均匀不甩接茬。

（3）嵌、披腻子：先配出一部分较硬的腻子，配合比为石膏粉：熟桐油：水＝20：7：50，其中水的掺量可根据腻子的软硬而定。用较硬的腻子来填嵌地板的拼缝，局部节疤及较大缺陷处，腻子干后，用1号砂纸磨平、扫净。再用上述配合比拌成较稀的腻子，将地板面及踢脚满刮一道。一室可安排两人操作，先刮踢脚，后刮地板，从里向外退着刮，注意两人接茬的腻子收头不应过厚。腻子干后，经检查，如有塌陷之处，再用腻子补平，等补腻子干后，用1号木砂纸磨平，并将面层清理干净。

（4）刷第一遍调和漆：应顺木纹涂刷，阴角处不应涂刷过厚，防止皱折。待油漆干后，用1号木砂纸轻轻地打磨光滑，达到磨光又不将油皮磨穿为度。检查腻子有无缺陷，并复补腻子，此腻子应配色，其颜色应和所刷油漆颜色一致，干后磨平，并补刷油漆。

（5）刷第二遍调和漆：待第一遍漆干后，满磨砂纸、清净粉尘后，刷第二遍调和漆。

（6）刷第三遍调和漆：待第二遍调和漆干后，用磨砂纸磨光，清净粉尘，刷第三遍调和漆交活。

3. 木地板刷醇酸清漆

（1）地板面处理：将地板面上的尘土及缝隙内的灰砂剔扫干净，用1½号木砂纸打磨，应先磨踢脚后磨地面，顺木纹反复打磨，磨至光滑，再换用1号木砂纸加细磨平磨光，最后将磨下的粉尘清扫干净。

（2）刷清油封底：可用地板漆∶稀料＝1∶3.5的比例调配，刷油时先刷踢脚，后刷地面，如地板颜色不一致，可单独修色或局部套色。一般房间可采用两人同时操作，从远离门口的一边退着刷，注意两人接槎处油层不可重叠过厚，要刷匀。

（3）嵌、披腻子：应先配制一部分较硬的石膏腻子，其配合比为石膏粉∶熟桐油＝20∶7，水的用量根据实际所需腻子的软硬而增减。将拌好的腻子嵌填裂缝、拼缝，并修补较大缺陷处，应补好塞实。腻子干后，用1号砂纸磨平，并将粉尘清扫干净，满刮一道腻子，腻子应根据样板颜色配兑，刮踢脚及地面。涂刷时，亦可安排两人同时操作，先刮踢脚，注意踢脚上下口的腻子收尽。然后刮地板，从里向外顺木纹刮，采用钢板刮板将腻子刮平，并及时将残余的腻子收尽。两人接槎时腻子不能重叠过厚，披腻子应分两次进行。头遍应顺木纹满刮一遍，干后，检查有无塌陷不平处，再用腻子补平，干后用 1 号砂纸磨平，清扫干净后，第二遍再满刮腻子一遍，要刮匀刮平，干后，用 1 号砂纸磨光，并将粉尘打扫干净。

（4）刷油色：先刷踢脚，后刷地板。刷油要匀，接茬要错开，且涂层不应过厚和重叠，要将油色用力刷开，使之颜色均匀。

（5）刷清漆三道：油色干后，用 1 号木砂纸打磨，并将粉尘用布擦净，即可涂刷清漆。先刷踢脚后刷地板，漆膜要涂刷厚些，待其干燥后有较稳定的光亮，干后，用½号砂纸轻轻打磨刷痕，不能磨穿漆皮，将粉尘清干净后，刷第二遍清漆，依此法再涂刷第三遍交活漆，刷后，要做好成品的保护工作，防止漆膜损坏。

4. 木地板刷漆片、打蜡出光

（1）地板面处理：清理地板上杂物，并扫净表面的尘土，用 1 号或 1.5 号木砂纸包裹木方按在地板上打磨，使其平整光滑，打磨时应先踢脚后地面。

（2）润油粉：配合比为大白粉∶松香水∶熟桐油＝24∶16∶2，并按样板要求掺入适量颜料，油粉拌好后，用棉丝蘸上在地板及踢脚上反复揉擦，将木板面上的棕眼全部填满、填实。干后，用 0 号砂纸打磨，将刮痕、印痕打磨光滑，并用干布将粉尘擦净。

（3）刷漆片两遍：将漆片兑稀，根据需要掺加颜料，刷完。干后修补腻子，其腻子颜色应与所刷漆片颜色相同，干后用 0.5 号木砂纸轻轻打磨，不应将漆膜磨穿。

（4）再刷漆片两遍：涂刷时动作要快，注意收头、拼缝处不能有明显的接槎和重叠现象。

（5）打蜡出光：用白色软布包光蜡，分别在踢脚和地板面上依次均匀地涂擦，要将蜡擦到均匀且不应涂擦过厚，稍干后，用干布反复涂擦使之出光。

5. 木地板刷聚氨酯清漆

（1）地板面的处理：将板面及拼缝内的尘土清理干净，用1½号砂纸包木方顺木纹打磨，先踢脚、后边角，最后磨大面，需磨光。如有污渍需先刮净后再用砂纸磨平，并清理干净。

（2）润油粉：按大白粉∶松香水∶清漆＝24∶16∶2，按要求掺入颜料拌合均匀，将油粉均匀地涂擦在踢脚和地板面上，将棕眼及木纹擦实、擦严，并将多余的油粉清干净。

（3）润水粉：水粉的重量配合比为：大白粉∶纤维素（骨胶）∶颜料∶水＝14∶1∶1∶18，依上比例将水粉拌匀，均匀地反复涂擦木材表面，将木纹、棕眼擦平擦严，并用干净的棉纱将多余的颜色擦净。

（4）嵌批腻子：用石膏及聚氨酯清漆配兑成石青腻子，根据要求掺加颜料，将拌好的腻子嵌填于缝隙、麻坑、凹陷不平处，顺木纹刮平，并及时将残余的腻子收净，干后，用1号砂纸打磨，如仍有坍陷处要复找腻子，干后重新磨平，将表面清擦干净。

（5）刷第一遍聚氨酯清漆：先刷踢脚后刷地板，并由里向外涂刷。人字、席纹木地板按一个方向涂刷，长条木地板应顺木纹方向涂刷；涂刷均匀不应漏刷。干后检查腻子有无坍陷，有无凹坑，有缺陷处复找腻子。干后用1号砂纸打磨，并将表面粉尘擦干净；如有大块腻子疤，可备油色或漆片加颜料用毛笔点修。

（6）刷第二遍聚氨酯清漆：待第一遍漆膜干后，用1/2砂纸将刷纹打磨光滑，用潮布擦净晾后即可涂刷第二遍清漆。

（7）刷第三遍聚氨酯清漆：方法同上。

（8）打蜡：地板油漆后，如需打蜡，有蜡拖打蜡和手工打蜡两种方法。

1）蜡拖打蜡：先用潮毛巾将油漆好的木地板上尘土擦干净，晾干，布液体蜡，用蜡拖顺木纹方向均匀拖墩。待第一遍蜡干透后再打第二遍蜡。

2）手工打蜡：擦净地板灰尘，用白色软布包光蜡，分别于踢脚和地板依次均匀地揉搓涂擦，稍待晾干，用干布反复涂擦使之出光。

5.2 金属基层涂饰操作

5.2.1 金属基层处理

金属基层处理基本方法，详见“基层处理及饰面翻新”中相关内容。

已刷防锈漆但出现锈斑的钢门窗或金属表面，须用铲刀铲除底层防锈漆后，再用钢丝刷和砂布彻底打磨干净，补刷一道防锈漆，待防锈漆干透后，将钢门窗或金属表面的砂眼、凹坑、缺棱、拼缝等处，用石膏腻子刮抹平整（金属表面腻子的重量配合比为石膏粉∶熟桐油∶油性腻子或醇酸腻子∶底漆＝20∶5∶10∶7 水适量。腻子要调成不软、不硬、不出蜂窝、挑丝不倒为宜），待腻子干透后，用 1 号砂纸打磨，磨完砂纸后用湿布将表面上的粉末擦干净。

5.2.2 钢门窗施涂混色涂料

1. 工艺流程

基层处理→涂防锈漆→刮腻子→刷第一遍油漆（刷铅油→抹腻子→磨砂纸→装玻璃）→刷第二遍油漆（刷铅油→擦玻璃、磨砂纸）→刷最后一遍混色油漆。

以上是钢门窗和金属表面施涂混色油漆涂料中级做法的工艺流程。如果是普通混色油漆涂料工程，其做法与工艺基本相同，所不同之处，除少刷一遍油漆外，只找补腻子，不满刮腻子。如果是高级混色油漆涂料工程，其做法与工艺基本相同，所不同之处，需增加第二遍满刮腻子、磨光和刷第三遍涂料后，增加用水砂纸磨光、湿布擦净、刷第四遍涂料，即可成高级混色油漆涂料工程。

2. 施工操作要点

（1）基层处理：清扫、除锈、磨砂纸。首先将钢门窗和金属表面上浮土、灰浆等打扫干净。

（2）涂防锈漆：对安装过程的焊点，防锈漆磨损处，进行清除焊渣，有锈时除锈，补1～2道防锈漆。

（3）刮腻子：用开刀或橡皮刮板在钢门窗或金属表面上满刮一遍石膏腻子（配合比同上），要求刮得薄，收得干净，均匀平整无飞刺。等腻子干透后，用1号砂纸打磨，注意保护棱角，要求达到表面光滑、线角平直、整齐一致。

（4）刷第一遍油漆：

1）刷铅油（或醇酸无光调合漆）：铅油用色铅油、光油、清油和汽油配制而成，配合比同前，经过搅拌后过箩，冬季宜加适量催干剂。油的稠度以达到盖底、不流坠、不显刷痕为宜，铅油的颜色要符合样板的色泽。

刷铅油时先从框上部左边开始涂刷，框边刷油时不得刷到墙上，要注意内外分色，厚薄要均匀一致，刷纹必须通顺，框子上部刷好后再刷亮子，全部亮子刷完后，再刷框子下半部。刷窗扇时，如两扇窗，应先刷左扇后刷右扇；三扇窗者，最后刷中间一扇，窗扇外面全部刷完后，用梃钩勾住再刷里面。刷门时先刷亮子，再刷门框及门扇背面，刷完后用木楔将门扇下口固定，全部刷完后，应立即检查一下有无遗漏，分色是否正确，并将小五金件等沾染的油漆擦干净。要重点检查线角和阴阳角处有无流坠、漏刷、裹棱、透底等毛病，应及时修整达到色泽一致。

2）抹腻子：待油漆干透后，对于底腻子收缩或残缺处，再用石膏腻子补抹一次，要求与做法同前。

3）磨砂纸：待腻子干透后，用1号砂纸打磨，要求同前。磨好后用湿布将磨下的粉末擦净。

4）装玻璃：详见“8.4 常见门窗玻璃安装”中相关内容。

（5）刷第二遍油漆：

1）刷铅油：同上。

2）擦玻璃、磨砂纸：使用湿布将玻璃内外擦干净。注意不得损伤油灰表面和八字角。磨砂纸应用1号砂纸或旧砂纸轻磨一遍，方法同前，但注意不要把底漆磨穿，要保护棱角。磨好砂纸应打扫干净，用湿布将磨下的粉末擦干净。

（6）刷最后一遍调合漆：刷油方法同前。但由于调合漆黏度较大，涂刷时要多刷多理，刷油要饱满、不流不坠、光亮均匀、色泽一致。在玻璃油灰上刷油，应等油灰达到一定强度后方可进行，刷油动作要敏捷，刷子轻、油要均匀，不损伤油灰表面光滑。刷完油漆后，要立即仔细检查一遍，如发现有毛病，应及时修整。最后用梃钩或木楔子将门窗扇打开固定好。

（7）冬期施工：冬期施工室内油漆涂料工程，应在供暖条件下进行，室温保持均衡，一般油漆施工的环境温度不宜低于10℃，相对湿度为60%，不得有突然变化。同时应设专人负责测温和开关门窗，以利通风排除湿气。

5.3 混凝土和抹灰基层涂饰

5.3.1 基本要求

1. 质量要求

对混凝土及抹灰基层进行涂饰前，应对混凝土和抹灰基层进行验收合格后，方可进行涂饰施工。混凝土和抹灰基层应满足下列质量要求：

（1）混凝土和抹灰基层应牢固、不开裂、不掉粉、不起砂、不空鼓、无剥离、无石灰爆裂点和无附着力不良的旧涂层。

（2）混凝土和抹灰基层应清洁，表面无灰尘、无浮浆、无油迹、无锈斑、无霉点、无盐类析出物和无青苔等杂物。

2. 处理要求

（1）为使外墙混凝土和抹灰基层在涂饰后规定的使用年限内

能保持洁净少污染，规定墙面做必要的建筑技术处理及墙面设计的具体要求是：

1）凡外窗台两端应粉出挡水坡端，檐口、窗台底部都必须按技术标准完成滴水线构造措施。

2）女儿墙及阳台的压顶，其粉刷面应有指向内侧的泛水坡度。

3）对坡屋面建筑物的檐口，应超出墙面，防止雨水玷污墙面。

4）对于涂刷面积较大的墙面，应作墙面装饰性分格设计，具体分格构成及尺寸由设计给定。

5）对于墙管道与设备（如空调室外机组、脱排机等）应作合理的建筑处理，以减少对外墙饰面的污染。

（2）混凝土和抹灰基层表面必须平整，所有污垢、油渍、砂浆流痕以及其他杂物等均应清除干净，粘附着的隔离剂、应用碱水（火碱：水＝1：10）清刷墙面，然后用清水冲刷干净。

（3）混凝土和抹灰基层喷（刷）胶水。混凝土墙面在刮腻子前应先喷、刷一道胶水（重置比为水：乳液＝5：1），以增强腻子与基层表面的粘结性，喷（刷）应均匀一致，不得有遗漏处。

（4）混凝土和抹灰基层的孔洞、缺陷需修补完整，基面必须坚固，无疏松、脱皮、起壳、粉漆等现象。

（5）如基层不牢或需在陈旧涂层表面重新涂刷，必须先除去粉化、破碎、生锈、变脆、起鼓等部分，涂刷界面剂，然后用腻子进行修补，再用砂纸磨平磨光。

（6）纸面石膏板的螺丝钉宜略埋入板面，但不得损坏纸面，钉眼处应作防锈处理，并用清水调制的石膏腻子抹平。

3. 施工要求

（1）建筑基层涂饰工程施工应按“底涂层、中涂层、面涂层”的要求进行施工，每一遍涂饰材料应涂饰均匀，各层涂饰材料必须结合牢固，对有特殊要求的工程可增加面涂层次数。

（2）建筑基层涂饰材料使用前应满足下列要求：

1）在整个施工过程中，涂饰材料的施工黏度应根据施工方法、施工季节、温度、湿度等条件严格控制，应有专人按说明书负责调配，不得随意加稀释剂或水。

2）双组分涂饰材料的施工，应严格按产品说明书规定的比例配制，根据实际使用量分批混合，并按说明书要求静置一段时间，并在规定的时间内用完。

3）外墙涂饰，同一墙面同一颜色应用相同批号的涂饰材料。当同一颜色批号不同时，应预先混匀，以保证同一墙面不产生色差。

（3）针对涂饰的机具不同，应采取不同的控制方法：

1）采用传统的施工辊筒和毛刷进行涂饰时，每次蘸料后宜在匀料板上来回滚匀或在桶边舔料。涂饰时涂膜不应过厚或过薄，应充分盖底，不透虚影，表面均匀。

2）采用喷涂时应控制涂料黏度和喷枪的压力，保持涂层厚薄均匀，不露底、不流坠、色泽均匀，确保涂层的厚度。

（4）对于干燥较快的涂饰材料，大面积涂饰时，应由多人配合操作，流水作业，顺同一方向涂饰，应处理好接槎部位。

（5）外墙涂饰施工应由建筑物自上而下进行；材料的涂饰施工分段应以墙面分格缝、墙面阴阳角或落水管为分界线。

（6）建筑基层涂饰施工时的养护：

1）室外饰面在涂饰前为避免风雨及烈日应作适当的遮盖、保养。

2）涂饰工程的基层表面应当干燥，基层的养护期一般为：

① 现抹砂浆基层，夏季 7d 以上、冬季 14d 以上。

② 现浇混凝土基层，夏季 10d 以上、冬季 20d 以上。

③ 对于湿度过大的部位，可烘干或延长干燥时间。

（7）为达到建筑涂饰工程的质量要求，必须保证基层养护期、施工工期及涂层养护期。

（8）室外涂饰工程如分段进行施工时，应按分格缝、墙角或落水管等为分界线，同一墙面应用相同的材料和配合比。中、高级的室内涂饰工程，一个房间内不得分段施工。

5.3.2　合成树脂乳液内墙涂料施工操作

合成树脂乳液内墙涂料是指由合成树脂乳液为基料，与颜料、体质颜料及各种助剂配制而成的建筑内墙涂料。主要品种有苯-丙乳液、丙烯酸酯乳液、硅-丙乳液、醋-丙乳液等配制的内墙涂料。

适用于水泥砂浆、混凝土、麻刀灰、钙塑板和木材等基层，当在水泥砂浆墙面上涂刷，其墙面的含水率应不大于10%。

1. 工艺流程

基层处理→填补缝隙、局部刮腻子→磨平→第一遍满刮腻子→磨平→第二遍满刮腻子→磨平→涂饰底层涂料→复补腻子→磨平→局部涂饰底层涂料→滚、刷第一遍面层涂料→喷涂第二遍面层涂料。

对石膏板内墙和顶棚表面除板缝处理外，其施工工序基本同上。

2. 施工操作要点

（1）基体表面处理：基体（层）应达到九成干时，方可进行施涂乳液涂料。

将基体（层）表面的尘土，松散颗粒，附着的砂浆、钉子、铁丝等应清除干净，如有油污必须清净。

表面平整应控制在2mm以内，并不得有抹纹，表面的缝隙、细小孔洞、麻面等缺陷处应用腻子进行填补平。

（2）填补缝隙、局部刮腻子：用石膏腻子将墙面缝隙及坑洼不平处分遍找平。操作时要横平竖齐，填实抹平，并将多余腻子收净，待腻子干燥后用砂纸磨平，并把浮尘扫净。

（3）石膏板面接缝处理：接缝处应用嵌缝腻子填塞满，再上一层玻璃网格布，麻布或绸布条，用乳液或胶粘剂将布条粘在拼缝上，粘贴时应把布条拉直、贴平，贴好后刮石膏腻子时要盖过布条的宽度。

（4）满刮腻子：根据墙体基层的不同和使用要求的不同，刮腻子的遍数和材料也不同，如基层表面较平整，施涂中级涂料工程时，一般应满刮两遍。

第一遍满刮腻子时，用胶皮刮板满刮一遍，达到平整、均匀、光滑、不留接槎，等腻子干燥后，用砂纸磨平磨光，不得有划痕，磨光后要将粉末清扫干净，随即进行第二遍满刮腻子，做法与第一遍同。

刮腻子时应横竖刮，并注意接槎和收头时腻子要刮净，每遍腻子干后应磨砂纸，将腻子磨平，磨完后将浮尘清理干净。如面层要涂刷带颜色的浆料时，则腻子亦要掺入适量与面层颜色相协调的颜料。

（5）刷涂料：第一遍涂料不宜过干，如过干可加水稀释，且过滤。配料应满足同一房间需用，要求刷到、刷匀，且不显接槎，待这遍涂料干后，对有裂纹、不平或漏刷处，要补腻子，腻子干后要用砂纸磨平磨光，随即清扫干净。第二遍涂料则不宜加水，或按产品说明书要求进行涂抹。操作方法同第一遍。

室内刷（喷）耐擦洗涂料时，要注意外观检查，并参照产品说明书去处理和涂刷即可。

（6）成品保护：涂刷完毕后，要将门窗、地面、窗台及其他设备等沾有涂料、腻子污染处擦洗干净，然后将房间暂时封闭，注意保护。

（7）合成树脂乳液内墙涂料的涂饰工程质量要求，见表5-2。

合成树脂乳液内墙涂料的涂饰工程质量要求　　表 5-2

项次	项目	普通涂饰工程	高级涂饰工程
1	掉粉、起皮	不允许	不允许
2	漏刷、透底	不允许	不允许
3	泛碱、咬色	不允许	不允许
4	流坠、疙瘩	允许少量	不允许
5	光泽和质感	光泽较均匀	质感细腻，光泽均匀

续表

项次	项目	普通涂饰工程	高级涂饰工程
6	颜色、刷纹	颜色一致	颜色一致，无刷纹
7	分色线平直（拉5m线检查，不足5m拉通线检查）	偏差≤3mm	偏差≤2mm
8	门窗、灯具等	洁净	洁净

5.3.3 合成树脂乳液外墙涂料施工操作

合成树脂乳液外墙涂料是指由合成树脂乳液为基料，与颜料、体质颜料及各种助剂配制而成的建筑外墙涂料。主要品种有苯-丙乳液、丙烯酸酯乳液、硅-丙乳液、醋-丙乳液等配制的外墙涂料。

1. 工艺流程

清理基层→填补缝隙、局部刮腻子→磨平→涂饰底层涂料→第一遍面层涂料→第二遍面层涂料。

2. 施工操作要点

（1）满刮腻子的配合比为重量比（适用于外墙、厨房、厕所、浴室的腻子），其配合比为：聚醋酸乙烯乳液∶水泥∶水＝1∶5∶1。

（2）室外刷（喷）防水涂料应先刷边角，再刷大面，均匀地涂刷一遍，待干后再涂刷第二遍，直至涂刷均匀、不透底。

（3）砖混结构的外窗台、碹脸、窗套、腰线等部位在抹罩面灰时，应趁湿刮一层白水泥膏，使之与面层压实并结合在一起，将滴水线（槽）按位置预先埋设好，并趁灰层未干，紧跟着涂刷第二遍白水泥浆（配合比为白水泥加水重20%界面剂胶的水溶液拌匀成浆液），涂刷时可用油刷或排笔，自上而下涂刷，要注意应少蘸勤刷，严防污染。

（4）预制混凝土阳台底板、阳台分户板、阳台栏板涂刷的一般做法：清理基层，刮水泥腻子找平，磨平，用水泥腻子重复找平，刷外墙涂料，直至涂刷均匀、不透底。

（5）冬期施工：利用冻结法抹灰的墙面不宜进行涂刷；喷（刷）聚合物水泥浆应根据室外温度掺入外加剂（早强剂），外加剂的材质应与涂料材质配套，外加剂的掺量应由试验决定；冬期施工所用的外墙涂料，应根据材质使用说明和要求去组织施工及使用，严防受冻；外檐涂刷早晚温度低不宜施工。

（6）合成树脂乳液外墙涂料、弹性建筑涂料、溶剂型外墙涂料等外墙平涂涂饰工程的质量，见表 5-3。

外墙平涂涂饰工程质量要求　　　　表 5-3

项次	项目	普通涂饰工程	高级涂饰工程
1	反锈、掉粉、起皮	不允许	不允许
2	漏刷、进底	不允许	不允许
3	泛碱、咬色	不允许	不允许
4	流坠、疙瘩		不允许
5	颜色、明纹	颜色一致	颜色一致，无刷纹
6	光泽	—	均匀一致
7	开裂	不允许	不允许
8	针孔、砂眼	—	不允许
9	分色线平直（拉 5m 线检查、不足 5m 拉通线检查）	偏差	偏差＜3mm
10	五金、玻璃等	洁净	洁净

注：开裂是指涂层开裂，不包括因结构开裂引起的涂层开裂。

5.3.4　合成树脂乳液砂壁状建筑涂料施工操作

合成树脂乳液砂壁状建筑涂料是指以合成树脂乳液为主要粘结料，以砂料和天然石粉为骨料，在建筑物上形成具有仿石质感涂层的涂料。

1. 工艺流程

清理基层→填补缝隙、局部刮腻子，磨平→涂饰底层涂料→

根据设计进行分格→喷涂主层涂料→涂饰第一遍面层涂料→涂饰第二遍面层涂料。

2. 施工操作要点

（1）基体表面处理

砖墙面：清除墙面尘土、污物、附着砂浆及油漆。用水润湿后，按设计要求用水泥砂浆或混合砂浆抹灰，作为施涂涂料的基层，操作时要压平、压实，用木抹子搓平带毛面，经养护且达到一定强度其含水率在10%以下时，方可施涂。

混凝土墙面：清除墙面尘土、污物、附着砂浆，如有油污应先用10%火碱水刷洗掉后，再用清水冲洗干净，表面如有孔洞、麻面等，用腻子填补齐平，并用砂纸磨平。

（2）准备工作：浆料如需现场配制，宜预先集中进行并过滤，配比要准确，搅拌要均匀，过滤后静止4h以上，使用前再均匀搅拌，浆料稠度以喷出时呈雾状，喷在墙上不流动为准。将空压机的工作压力调至0.6MPa左右，喷嘴则视涂料粒度选用。

如设计有分格要求时，尚需弹线，并粘分格条。大墙面喷涂施工宜按1.5m^2左右分格，然后逐格喷涂。对门窗、玻璃及其他设施，必须加以覆盖保护。

基层应在干燥后，进行喷涂。

（3）喷涂：底层涂料可用辊涂，刷涂或喷涂工艺进行。

1）喷涂主层材料时应按装饰设计要求，通过试喷确定涂料黏度、喷嘴口径、空气压力及喷涂管尺寸。

2）主层涂料喷涂和套色喷涂时操作人员宜以二人一组，施工时一人操作喷涂，一人在相应位置配合，确保喷涂均匀。

3）喷涂时，喷嘴与墙面应垂直，距墙面400～500mm，按顺序，逐次横向进行。喷斗移动要平稳、均衡、缓慢，使涂层充分盖底，接槎处的厚度应与其他部位保持一致。如设计要求施涂罩面时，应待涂层固化后再按要求进行。

（4）合成树脂乳液砂壁状涂料等涂饰工程质量要求，见表5-4。

合成树脂乳液砂壁状涂料等涂饰工程质量要求　表 5-4

项次	项目	普通涂饰工程	高级涂饰工程
1	漏涂、透底	不允许	不允许
2	反锈、掉粉、起皮	不允许	不允许
3	反白	不允许	不允许
4	开裂	不允许	不允许
5	分格线(拉 5m 线检查，不足 5m 拉通线检查)	偏差≤4mm	偏差≤3mm
6	颜色	一致	一致
7	质感	一致	一致
8	五金、玻璃等	洁净	洁净

注：开裂是指涂层开裂，不包括因结构开裂引起的涂层开裂。

5.3.5 仿石涂料

仿石涂料是采用各种颜色及一定细度的天然大理石粉粒，以合成树脂乳液为主要成膜物质，调配而成。通过喷涂等施工工艺在建筑物表面上形成具有石材质感涂层的建筑涂料。

1. 工艺流程

基层处理→抹灰→刷底漆→分格、弹线、粘条→喷涂仿石涂料→起分格条→表面打磨→喷、刷罩面灰。

2. 施工操作要点

(1) 基层处理、抹灰：

1) 基层为混凝土墙板不抹灰时，要事先清理表面流浆、尘土，将其缺棱掉角及板面凸凹不平处刷水湿润，修补处刷含界面剂的水泥浆一道，随后抹 1∶3 水泥砂浆局部勾抹平整，凹凸不大的部位可刮水泥腻子找平并对其防水缝、槽进行处理后，进行淋水试验，不渗漏，方可进行下道工序。

按照设计要求采用加强网进行加强处理，以保证抹灰层与基体粘结牢固。不同材料墙体相交接部位的抹灰，应采用加强网进行防开裂处理，加强网与两侧墙体的搭接宽度不应小于 100mm。

2）当作业环境过于干燥且工程质量要求较高时，加气混凝土墙面抹灰后可采用防裂剂。底子灰抹完后，立即用喷雾器将防裂剂直接喷洒在底子灰上，防裂剂以雾状喷出，以便喷洒均匀，不漏喷，不宜过量，过于集中，操作时喷嘴倾斜向上仰，与墙面的距离适中，以确保喷洒均匀适度，又不致将灰层冲坏。防裂剂喷洒 2～3h 内不要搓动，以免破坏防裂剂表层。

3）底层砂浆厚度的控制：底层砂浆抹好后，面层预留厚度 3mm 为宜，可直接在打好的底灰上粘分格条进行喷涂。

4）水泥砂浆底灰要求大杠刮平，木抹子搓平，表面无孔洞，无砂眼，面层颜色均匀一致，无划痕。

（2）涂刷封底漆：涂刷前基面的含水率应小于 10%。在基面上均匀地用喷枪喷涂或用刷子刷涂一层防潮底漆，进行封底处理，直到完全无渗色为止。以免由于基面渗色、透湿，从而污染、溶胀仿石涂料，影响施工质量。防潮底漆干透时间约 60min。

（3）分格、弹线、粘条：根据图纸要求分格、弹线，并依据缝的宽窄、深浅选择分格胶条、粘分格胶条。要保证位置准确，要横平竖直。

（4）喷涂仿石涂料：施工宜由上往下先打底，再抹水泥砂浆面层，并随抹随养护，往下落架子，一直抹到底后，将架子升起，再从上往下进行喷、刷涂层的施工，以保证涂层的颜色一致。

检查粘条位置是否准确，宽度、深度是否合适。

喷涂大面积施工应采用喷涂工艺。炎热干燥的季节，喷涂之前应洒水湿润，开动空压机，检查高压胶管有无漏气，并将其压力稳定在 0.6MPa 左右。喷涂时，喷枪嘴应垂直于墙面且离开墙面 300～500mm，开动气管开关，用高压空气将砂浆喷吹到墙上，如果喷涂时压力有变化，可适当地调整喷嘴与墙面的距离。喷涂要分两步进行：首先快速喷一薄层附着，待第一层稍干后再缓慢均匀作第二次喷涂，喷涂时务必使涂层厚薄均匀、不露底、浮点大小基本一致，喷涂总厚度以 2～3mm 为宜，或按不同设计要求而定。

（5）起分格条：喷完后，及时将分格条起出，并将缝内清净。

（6）表面打磨：在喷涂防水保护膜之前，需用普通砂纸等工具，磨掉已干透涂层表面的浮砂，将石漆表面有锐角之颗粒磨平约 30%～50%，可增碎石美感及减少锐角并避免灰尘积留，同时保证防水保护膜的完全覆盖。

（7）喷罩面漆：成活 24h 后，喷涂罩面漆，一定要在仿石涂料完全干透后进行。罩面漆薄而均匀地喷涂一层，要喷匀，不流淌，约经过 60min 待其硬化后，即告完成。

5.3.6 复层涂料的施工操作

复层建筑涂料有聚合物水泥系、硅酸盐系、合成树脂乳液系、反应固化型合成树脂乳液系，涂层一般由底、中、面层组成。

复层涂料一般由底涂层、主涂层（中间涂层）、面涂层组成。底涂层：用于封闭基层和增强主涂层（中间）涂料的附着力。主涂层（中间涂层）：用于形成凹凸或平状装饰面，厚度（如为立体状，指凸部厚度）为 1mm 以上。面涂层：用于装饰面着色，提高耐候性、耐沾污性和防水性等。主涂层（中间涂层）可采用聚合物水泥、硅酸盐、合成树脂乳液、反应固化型合成树脂乳液为粘结料配制的厚质涂料。底涂层和面涂层可采用乳液型或溶剂型涂料，底、中、面三层涂料必须严格按说明书选用，相互匹配。

1. 工艺流程

清理基层→填补缝隙、局部刮腻子，磨平→涂饰底层涂料→涂饰中间层涂料→（压花）→第一遍面层涂料→第二遍面层涂料。

硅酸盐类复层涂料施工时需要喷水养护；弹性中层涂料施工

参照上述流程，但无压花工序。

2. 施工操作要点

（1）复层涂料的施工工序应注意腻子、底涂料与中、面层涂料的匹配。根据装饰质感要求可增加人工滚压工序。

（2）底涂层涂料可用辊涂或喷涂工艺进行。喷涂中间层涂料时，应控制涂料的黏度，并根据凹凸程度不同要求选用喷枪嘴口径及喷枪工作压力，喷射距离宜控制在40～60cm，喷枪运行中喷嘴中心线垂直于墙面，喷枪应沿被涂墙面平行移动，运行速度保持一致，连续作业，使墙面质感保持均匀。

（3）压平型的中间层，应在中间层涂料喷涂表干后，用塑料辊筒将隆起的部分表面压平。

（4）水泥系的中间涂层，应采取遮盖养护，必要时浇水养护。干燥后，采用抗碱封底涂饰材料，再涂饰罩面层涂料二遍。

（5）需压平的中涂层，不同季节应严格掌握表干时间，过早或过迟压平，均影响质感。

（6）聚合物水泥系的中涂层，应有洒水养护的周期，如不洒水养护，在水泥凝结过程中如遇迎风面或冬季温度偏低，则会引起水泥水化作用停止或减慢，导致粉化、剥落而影响工程质量。

（7）复层建筑涂料涂饰工程质量要求，见表5-5。

复层建筑涂料涂饰工程质量要求　　表5-5

项次	项目	聚合物水泥系复层涂料	硅酸盐系复层涂料	合成树脂乳液系复层涂料	反应固化型合成树脂乳液系复层涂料
1	漏涂、透底	不允许			
2	反锈、吊粉、起皮	不允许			
3	泛減、咬色	不允许			
4	喷点疏密程度、厚度	疏密均匀，厚度一致	疏密均匀、不允许有连片现象，厚度一致		
5	针孔、砂眼	允许轻微少量			
6	光泽	均匀			

续表

项次	项目	聚合物水泥系复层涂料	硅酸盐系复层涂料	合成树脂乳液系复层涂料	反应固化型合成树脂乳液系复层涂料
7	开裂	不允许			
8	颜色	颜色一致			
9	五金、玻璃等	洁净			

注：开裂是指涂层开裂，不包括因结构开裂引起的涂层开裂。

5.4 一般刷（喷）浆

一般刷浆工程的施工方法，有刷涂和喷涂，施工时应根据设计要求确定刷浆标准和使用材料，一般房间以普通、中级刷浆为宜；有特殊要求的房间可用高级刷浆。

（1）刷涂：一种简易的施工方法，一般以人力用排笔、扁刷、圆刷进行刷涂。

（2）喷涂：采用手压式喷浆机、电动喷浆机进行大面积喷涂时，效率很高。

5.4.1 室内和室外刷浆主要工序

室内和室外刷浆主要工序，分别见表5-6、表5-7。

室内刷浆的主要工序　　表5-6

项次	工序名称	石灰浆		聚合物水泥浆		大白浆			可赛银浆		水溶性涂料	
		普通	中级	普通	中级	普通	中级	高级	中级	高级	中级	高级
1	清扫	+	+	+	+	+	+	+	+	+	+	+
2	用乳胶水溶液湿润			+	+							
3	填补缝隙、局部刮腻子	+	+	+	+	+	+	+	+	+	+	+

续表

项次	工序名称	石灰浆		聚合物水泥浆		大白浆			可赛银浆		水溶性涂料	
		普通	中级	普通	中级	普通	中级	高级	中级	高级	中级	高级
4	磨平	+	+	+	+	+	+	+	+	+	+	+
5	第一遍满刮腻子						+	+	+	+	+	+
6	磨平						+	+	+	+	+	+
7	第二遍满刮腻子							+		+		+
8	磨平							+		+		+
9	第一遍刷浆	+	+	+	+	+	+	+	+	+	+	+
10	复补腻子		+		+		+	+	+	+	+	+
11	磨平		+				+	+	+	+	+	+
12	第二遍刷浆	+	+	+	+	+	+	+	+	+	+	+
13	磨浮粉							+		+		+
14	第三遍刷浆		+				+	+		+		+

注：1. 表中“+”号表示应进行的工序。
2. 高级刷浆工程，必要时可增刷一遍浆。
3. 机械喷浆可不受表中遍数的限制，以达到质量要求为准。
4. 湿度较大的房间刷浆，应用具有防潮性能的腻子和涂料。

室外刷浆的主要工序 **表 5-7**

项次	工序名称	石灰浆	聚合物水泥浆	无机涂料
1	清扫	+	+	+
2	填补缝隙、局部刮腻子	+	+	+
3	磨平	+	+	+
4	找补腻子、磨平			+
5	用乳胶水溶液湿润		+	
6	第一遍刷浆	+	+	+
7	第二遍刷浆	+	+	+

注：1. 表中“+”号表示应进行的工序。
2. 机械喷浆可不受表中遍数的限制，以达到质量要求为准。

5.4.2 水浆涂料涂刷施工操作要点

1. 常用水浆涂料涂刷施工要点

水浆涂料的涂刷施工操作要点，见表 5-8～表 5-10。

水泥浆涂料的涂刷施工操作要点　　表 5-8

序号	工序名称	材料	操作要点	备注
1	刮白水泥膏	32.5 级普通硅酸盐水泥	将水泥膏刮抹在未干的罩面灰层上,使之与灰层紧密地结合在一起	窗台、窗套常用白水泥
2	刷白水泥浆	白水泥、108 胶液(108 胶∶水=1∶5)	用排笔在灰层未干前涂刷	
3	刷白水泥浆	白水泥、108 胶液(108 胶∶水=1∶5)	24h 后涂刷,涂刷遍数以涂层不花、盖底为准	

乳液大白浆或水浆涂料的涂刷施工操作要点　　表 5-9

序号	工序名称	材料	操作要点	备注
1	清理基层		清除表面灰浆、浮土及油渍等污物	适用于室外,不受潮湿及雨水影响的部位,如阳台的底板、分户板等,与室内涂料做法基本相同
2	修补基层	1∶3 水泥砂浆	修补孔洞、裂缝	
3	刮石膏腻子	石膏、乳胶	修补处干后刮石膏腻子 1～2 遍至表面平整	
4	砂磨	1 号砂纸	石膏腻子干后打磨表面	
5	刮大白腻子	大白粉、乳胶	刮大白腻子 1～2 遍,将石膏腻子的塌陷处找平	
6	刷乳液大白浆或其他水浆涂料	乳胶、大白粉、耐碱颜料适量	涂刷 2 遍至涂层不花、盖底为止	

普通水浆涂料内墙喷（刷）的涂饰施工操作要点　表 5-10

序号	工序名称	材料	操作要点	备注
1	基层清理及检查		将表面的浮土、灰砂、模板隔离剂、油污等消除掉，基层含水率不得大于10%	
2	喷（刷）乳胶稀溶液	清水：乳胶=1∶5	为加强腻子与基层的粘结，可先喷（刷）乳液水一道，不得遗漏	
3	嵌补腻子	石膏腻子（石膏粉：乳液：纤维素=100：4.5∶60）	将表面的大裂缝和坑凹嵌补平整，要填平、填实	
4	磨砂纸	1号砂纸	将嵌补处打磨平整，并将浮尘扫净	
5	粘贴纸带或布条	穿孔纸带或麻布条	将纸带或麻布条粘贴在石膏板的接缝处	
6	满批腻子	大白腻子（或滑石粉腻子）乳液：大白粉或滑石粉：纤维素溶液=1：5∶3.5	各板间要刮净，注意接槎，要来回刮平。如涂刷色浆，腻子中要加入适量颜料	普通级无此道工序，中级批一道，高级批两道
7	磨砂纸	1号砂纸	各道腻子磨砂纸一遍，要磨平磨光、线角分明，并将浮尘扫净	
8	喷（刷）第一道浆	石灰浆、大白浆或可赛银浆	先将门、窗口及顶棚周围卡出20cm的边，先上后下，喷头距墙面为20～30cm，移动速度要平稳均匀	
9	复补腻子	滑石粉或大白粉腻子	第一遍浆干后将表面坑洼、麻点找平刮净	普通级无此工序，中级和高级必须有此工序

续表

序号	工序名称	材料	操作要点	备注
10	磨砂纸	0号砂纸	将嵌补处磨平，使整个表面光滑平整	
11	喷（刷）第二道浆	石灰浆、大白浆或可赛银浆	方法同第一道浆	
12	磨砂纸	0号砂纸	用砂纸将表面细小颗粒及刷毛磨去	
13	喷（刷）第三道浆	石灰浆、大白浆或可赛银浆	方法同第一道浆	喷浆不受遍数限制，达到标准为止

2. 石灰浆刷涂要点

用铲刀或钢丝刷将基层的灰尘、粗粒疙瘩除去，用石膏腻子嵌补好洞眼裂缝，即可进行刷浆。不能刷得过厚，以免起壳脱落。

墙面刷石灰浆一般都采用两支排笔拼宽装上长把进行刷涂，而不采用梯子和脚手板。门窗四周可先用排笔刷好，保持清洁。

刷有色浆时，在头遍中就加色，前两遍中加色要少，浅于要求的颜色，最后一遍灰浆配成要求的颜色。配好后应先试刷一下，看看是否符合样板的要求。刷色浆最好用16管排笔，上下顺刷，后一排笔要紧挨前一排笔，不能有空隙，相接处要刷开、刷匀，上下接头要刷通。

3. 大白浆刷涂要点

大白浆是用乳液、纤维素、大白粉与水按一定比例配制而成。配好后不能随意加水，要保持糊状，不使沉淀。刷大白浆要求墙面充分干燥，抹灰面内碱质全部消化后才能施工。刷大白浆前要处理好底层，再用菜胶腻子满批一遍，待干后再嵌腻子，腻子干后用1/2号木砂纸打磨，并清扫。

刷大白浆时，因底层腻子或头遍浆吸收水分而把胶化开，容易被排笔翻起。所以要轻刷、快刷，接头处不得有重叠现象，一般刷两遍即可。如刷带色的大白浆，从批腻子就要加色，加色由浅到深，最后一遍浆一定要与要求颜色相同。

刷大白浆时要注意以下几点：

(1) 刷大白浆的墙面时，如抹灰未全干，则事先刷一道石灰浆，经过一个较长的时间达到充分干燥后，再刷大白浆时，附着力就强。有的墙面还可省去一遍满批腻子的工序。

(2) 在木丝板（万利板）上刷浆时，可在安装前先刷上两遍石灰浆，安装后再刷一遍石灰浆。石灰浆要配稠些。如是色浆特别是天蓝色，浆稀则干燥慢，容易引起板上水泥咬色、变色。

(3) 如墙面、平顶未刷之前已被烟熏变黑时，可采取清理和清洗后，刷一遍清油，干后再在清油面上刷浆的办法。

4. 可赛银浆刷涂要点

操作程序、方法与刷大白浆基本相同。同样要经过基层处理、嵌批腻子等工艺，但要细致些，底层一定要做到平整光洁。嵌批腻子时，可用大白粉和滑石粉或石膏粉各半对掺调成腻子，这样可使腻子更加坚硬、牢固；也可将可赛银粉用开水泡成稠糊状直接嵌批到墙面上，因可赛银粉内含胶质，用它作腻子可增加附着力。

如墙面较为平整，且颜色与刷的浆相差不多，则只刷两遍就可以了。头遍浆刷完后，当墙面 90%以上都已干燥，无明显湿迹时，即可刷第二遍浆。这样刷的好处是头遍浆不易被二遍浆吊起，干燥后颜色容易达到一致，表面较为光洁。如头遍浆刷后时间过长，表面太干燥，刷第二遍浆时接头处会有重叠现象和不易刷涂等弊病。其原因为粉浆刚干时，面上胶结较为牢固不易破坏，而时间过长，易被各种因素破坏，造成刷涂上的困难。

刷涂可赛银浆宜用笔毛较为柔软而且整齐的排笔。这种排笔不易掉毛，又能刷匀、刷开。

5.4.3 聚合物水泥浆外墙涂刷操作要点

聚合物水泥浆外墙涂刷施工操作要点，见表 5-11、表 5-12。

聚合物水泥浆外墙涂刷施工操作要点　　　表 5-11

序号	工序名称	材料	操作要点	备注
1	清理基层	火碱溶液（10%）	清除表面灰浆、浮土，用火碱溶液刷洗表面油污或隔离剂，然后用清水漂洗	用于预制混凝土基层，如阳台底板、栏板等
2	检查、修补基层	1∶3 水泥砂浆	检查有无空鼓、裂缝，然后将其剔凿、修补	
3	刮聚合水泥腻子	水泥、108 胶液（108 胶∶水=1∶5）	刮腻子 1～2 道，将表面气孔及细小孔隙填平	
4	砂磨	1 号砂纸	腻子干后用砂纸打磨	砂子、水泥应除去粗粒及杂质。对水泥涂料的配比、砂子粒径、含水率、涂料稠度、涂刷遍数等都应严格控制
5	找补腻子	聚合水泥腻子	对打磨后的塌陷部位找补平整	
6	砂磨	1 号砂纸	砂磨找补部位	
7	粘贴分格条	纸条、绝缘胶布条	在分格线处抹一薄层白水泥砂浆，并压实抹光，然后将沾有 108 胶的分格条贴上，分格条可在涂刷完毕当日揭下	
8	刷涂或滚涂聚合物水泥浆	水泥、108 胶液（108 胶∶水=1∶5）及适量耐碱颜料	刷涂：先边角后大面，涂刷遍数以不花、盖底为准 滚涂：先将水泥浆均匀刮在墙面，厚度约 2～3mm，一人在前刮、一人在后面滚，相隔时间不宜过长	
9	涂罩面涂料	有机硅溶液、乳胶漆或其他外墙涂料		

彩色聚合物水泥涂料弹涂施工操作要点　　表 5-12

序号	工序名称	材料	操作要点	备注
1	清理、修整基层		清除乳土、脱模剂等污物，修补边角，对不平整的墙面要用砂浆抹平	用于外墙涂饰，严格掌握涂料配比，随配随用，2h用完
2	喷涂108胶水溶液	108胶（10%）：水＝1：(15～25)	基层处理、验收合格后，喷涂108胶水溶液	
3	刷底浆	聚合物水泥涂料底浆	在涂刷108胶水溶液后涂刷底漆	在满足色调条件下尽量少用颜料，以防止降低色点强度，颜料含量白水泥不宜超过6%，普通水泥不超过10%，所刷底色应与头道色点颜色一致，以免因漏弹而露底
4	样板试弹	在现场制作几平方米的弹涂样板		
5	弹头道点	彩色聚合物水泥涂料	弹头距墙面约25～30cm，上料不宜过高，约占弹斗1/3，涂料要经常搅拌，防止沉淀。 上料后应试弹，合适后再上墙面，头道弹点应占饰面70%，分布要均匀，大小要一致	
6	弹二道点	彩色聚合物水泥涂料	色泽要均匀一致	
7	修补		对出现的遗漏及缺陷应及时修补	
8	喷水养护		为保证涂层的水化作用，防止粉化，涂层达到初凝后（夏季2～3h）需喷水养护	
9	涂罩面涂料	甲基硅树脂溶液、聚乙烯醇缩丁醛清漆、丙烯酸酯乳液或溶剂型清漆等	弹涂层完全干燥后，喷涂或刷涂罩面涂料	

5.5 套色板、仿木纹、仿石纹等美术涂饰操作

美术涂饰，是以油和油性涂料为基本材料，运用美术的手法，把人们喜爱的花卉、鱼鸟、山水等动、植物的图像，彩绘在室内墙面、顶棚，作为室内装饰的一种形式。

涂饰的色调和图案随环境需要选择，在正式施工前应做样板，方可大面积施工。常见的有滚花、仿木纹、仿石纹和套色漏花等。滚花的图案，颜色应鲜明，轮廓清晰，不得有漏涂、斑污和流坠等；仿木纹、仿石纹的表面，应具有木纹或石纹的纹理；套色漏花的图案不得位移，纹理和轮廓应清晰。

5.5.1 套色花饰操作

套色花饰也称假壁纸、仿壁纸油漆。它是在墙面涂饰完油漆的基础上进行的。用特制的漏花板，按美术图案（花纹或动物图像）的形式，有规律地将各种颜色的油漆喷（刷）在墙面上。这种美术涂饰用于宾馆、会议室、影剧院以及高级住宅等抹灰墙面上，建筑艺术效果很好，使人柔和、舒适。

套色花饰按施工方法可分为两种，一是喷涂法（也称喷花），二是刷涂法（也称刷花）。一般宜用喷印方法进行，并按分色顺序喷印。前套漏板喷印完，待涂料（或浆料）稍干后，方可进行下套漏板的喷印。

1. 工艺流程

清理基层→弹水平线→刷底油（清油）→刮腻子→砂纸磨光→刮腻子→砂纸磨光→弹分色线（俗称方子）→涂饰调和漆→再涂饰调和漆→漏花（几种色漏几遍）画线。

2. 施工操作要点

（1）基层表面处理：与仿木纹基层表面处理相同，但所用涂料色泽，必须按设计要求选用。

（2）定位根据设计要求可采取以下三种方法：

1）边漏系指在墙的上部并沿墙四周形成一圈花纹。

2）墙漏是在墙面上按一定的间距布置相应、协调地花饰。

3）假墙纸是将花纹图案漏满墙面，类似裱糊的效果。

（3）套色漏花：按设计对套色漏花的水平、垂直或框线要求，将漏花的具体位置、尺寸、加以确定，把定位眼与孔眼对准并临时固定，不得产生位移，以免混色或压色。

然后按要求的颜色，选用色泽协调，可呈现立体感的涂料。漏花定位后，如为边漏则应从房间一角开始，从左向右进行。等第一遍色浆料干透后，再涂第二遍色浆，漏花板按编号顺序使用，按序涂色，漏花板用3遍以后，要用洁净、干燥的棉纱（旧布）将两面涂料擦干净。

5.5.2　滚花涂饰施工

滚花涂饰是把花纹图案直接辊刷在刷好的涂料墙上进行滚印而成，一般油漆工程已完成，以面层油漆为基础进行的。

1. 工艺流程

基层清理→涂饰底漆→弹线→滚花→画线。

2. 施工操作要点

（1）基层表面处理：将已抹好灰的墙面清理干净，刮两遍腻子，用砂纸磨平打光两遍，再按设计要求的色泽施涂涂料（或刷浆）。

（2）放线：底层涂料干燥后，按设计要求的尺寸、分格、找正规方后弹出垂直线和水平线；如设计有分格线时，可用贴胶布的方法粘贴分格条。

（3）试样：按设计要求花式、色泽做出样板，在基层底色浆上进行试涂、试样，直至符合要求后，方可在干燥的基层底浆上开始滚花。

（4）滚花：滚花时，按试样操作，辊刷上涂料不宜多，应从左向右，自上而下进行，滚压方向要一致，辊刷应按弹线垂直于墙面、不得歪斜，用力要均匀，滚印至图案颜色鲜明、轮廓清晰即可，不得有漏涂、斑污、流坠，且不显接槎。

每移动一次，均要校正花纹位置，以控制图案一致。

操作至末端不足一个辊长时，留待已滚花墙面干后，将已滚花部分覆盖再滚。

5.5.3 仿木纹

仿木纹亦称木丝，一般是仿硬质木材的木纹。在涂饰美术装饰工程中，常把人们最喜爱的几种硬质木材的花纹，如黄菠萝、水曲柳、榆木、核桃秋等，通过专用工具和艺术手法用涂料涂饰在室内墙面上，花纹如同镶木墙裙一样，在门窗上亦可用同样的方法涂仿木纹。仿木纹美术涂饰多用于宾馆和影剧院的走廊、休息厅，也有用在高级饭店及住宅工程上。

1. 工艺流程

基层表面处理→面层涂料→做木纹→罩面。

2. 施工操作要点

（1）基层表面处理。墙面清理干净后，对微细缝隙、低凹处，分层或局部刮腻子。腻子干后用砂纸磨平。扫除磨下粉末，按要求尺寸先弹出水平线，满刮第一遍腻子，刮压、刮平、干后用砂纸磨平磨光。再满刮第二遍腻子，第二遍腻子比头遍腻子稍稀并适当加石黄调配，等第二遍腻子干后，磨平磨光，扫去磨下粉末、浮灰，用干性油打底，干燥后即可施涂第一遍涂料，干后复补腻子并磨平、磨光，清扫干净施涂第二遍涂料，这两遍底层涂料的颜色，应与木材本色接近。如设计有分格时，要弹线分格。

（2）面层涂料：宜选用结膜慢的涂料，色泽要较底层涂料深，施涂时不宜过厚。

（3）做木纹：面层涂料施涂完后，即由不等距锯齿形样板勾划木纹线；再用软干毛刷扫出木纹棕眼，如需分格则待木纹干后，划出分格。

（4）罩面：在木纹、分格线全部干透后，表面再涂刷一遍清漆，必须刷匀，不得有流坠、皱皮。

5.5.4 仿石纹

仿石纹是一种高级油漆涂饰工程。在装饰工程中，亦称假大理石或油漆石纹。用丝棉经温水浸泡后，拧去水分，用手甩开使之松散，以小钉挂在墙面上，并将丝棉理成如大理石的各种纹理状。

适用于宾馆、俱乐部、影剧院大厅、会议室、大型百货商店、饭店等抹灰墙面上。大部分是作为墙裙，也有的是用于室内、门厅的柱子上。石纹种类很多，其中以大理石纹装饰效果为好，如汉白玉、浅黄、浅绿、紫红、黑色大理石等，也有做成花岗石纹的。

1. 细纹大理石做法

用丝棉经温水浸泡后，拧去水分，用手甩开使之松散，以小钉挂在墙面上，并将丝棉理成如大理石的各种纹理状。涂料的颜色一般以底层涂料的颜色为基底，再喷涂深、浅两色，喷涂的顺序是浅色＋深色＋白色，共为三色。喷完后即将丝棉揭去，墙面上即显出细纹大理石纹。

可做成浅绿色底墨绿色花纹的大理石，亦可做成浅棕色底深棕色花纹和浅灰色底黑色花纹大理石等，待所喷的油漆干燥后，再涂饰一遍清漆。

2. 粗纹大理石做法

在底层涂好白色涂料的面上，再刷一道浅灰色涂料，未干燥时就在上面刷上黑色的粗条纹，条纹要曲折不能端直。在涂料将干未干时，用干净刷子把条纹的边线刷混，刷到隐约可见，使两种颜色充分调和，干后再刷一遍清漆，即成粗纹大理石纹。

3. 施工要点

喷涂大理石纹，可用干燥快的涂料，刷涂大理石纹，可用伸展性好的涂料，因伸展性好，才能化开刷纹。

施工应在第一遍涂料表面上进行。

待底层所涂清油干透后，刮两遍腻子，磨两遍砂纸，拭掉浮粉，再涂饰两遍色调合漆，采用的颜色以浅黄或灰绿色为好。

色调合漆干透后，将用温水浸泡的丝棉拧去水分，再甩开，使之松散，以小钉子挂在油漆好的墙面上，用手整理丝棉成斜纹状，如石纹一般，连续喷涂三遍色，喷涂的顺序是浅色、深色而后喷白色。

油色喷涂完成后，须停 10～20min 即可取下丝棉，待喷涂的石纹干后再行画线，等线干后再刷一遍清漆。

5.5.5 涂饰鸡皮皱面层

鸡皮皱是一种高级油漆涂饰工程。在东北城市的高级建筑物室内装饰广泛采用。它的皱纹美丽、疙瘩均匀，可做成各种颜色，具有隔声、协调光的特点（有光但不反射），给人以舒适感。适用于公共建筑及民用建筑的室内装饰，如休息室、会客室、办公室和其他高级建筑物的抹灰墙面上，也有涂饰在顶棚上的。

1. 工艺流程

清理基层→涂刷底油（清油）→刮腻子→砂纸磨光→刮腻子→砂纸磨光→刷调和漆→刷鸡皮皱油→拍打鸡皮皱纹。

2. 施工操作要点

（1）底层上涂上拍打鸡皮皱纹的涂料，其配合比目前常用的（质量比）为：清油 15、钛白粉 26、麻斯面（双飞粉）54、松节油 5。也可由试验确定。

（2）涂刷面层的厚度为 1.5～2.0mm，比一般涂刷的涂料要厚些。刷鸡皮皱涂料和拍打鸡皮皱纹应同时进行。即前边一人涂刷，后边一人随着拍打。拍打的刷子应平行墙面，距离 20cm 左右，刷子一定要放平，一起一落，拍击成稠密而撒布均匀的疙瘩，起粒大小应均匀一致，犹如鸡皮皱纹。

5.5.6 腻子拉毛施工操作

在腻子干燥前，用毛刷拍拉腻子，即得到表面有平整感觉的花纹。

墙面底层要做到表面嵌补平整。

用血料腻子加石膏粉或熟桐油的菜胶腻子。用钢皮或木刮尺满刮。石膏粉或滑石粉的掺量，应根据波纹大小由试验确定。

要严格控制腻子的厚度，一般办公室卧室等面积较小的房间，腻子的厚度不应超过 5mm；公共场所及大型建筑的内墙墙面，因面积大，拉毛小了不明显，腻子厚度要求 20～30mm，这样拉出的花纹才大。腻子厚度应根据波纹大小，由试验来确定。

不等腻子干燥，立即用长方形的猪鬃毛刷拍拉腻子，使其头部有尖形的花纹。再用长刮尺把尖头轻轻刮平，即成表面有平整感觉的花纹。或等平面干燥后，再用砂纸轻轻磨去毛尖。批腻子和拍拉花纹时的接头要留成弯曲状，不得留得齐直，以免影响美观。

根据需要涂饰各种油漆或粉浆。由于拉毛腻子较厚，干燥后吸收力特别强，故在涂饰油漆、粉浆前必须刷清油或胶料水润滑。涂饰时应用新的排笔或油刷，以防流坠。

5.5.7 石膏油拉毛施工操作

石膏油满批后，用毛刷紧跟着进行拍拉，即形成高低均匀的毛面，称为石膏油拉毛。

基层清扫干净后，应涂一遍底油，以增强其附着力和便于操作。

底油干后，用较硬的石膏油腻子将墙面洞眼、低凹处及门窗边与墙间的缝隙补嵌平整，腻子干后，用铲刀或钢皮刮去残余的腻子。

批石膏油，面积大可使用钢皮或橡皮刮板，也可以用塑料板或木刮板；面积小，可用铲刀批刮。满批要严格控制厚度，表面要均匀平整。剧院、娱乐场、体育馆等大型建筑的内墙一般要求大拉毛，石膏油应批厚些，其厚度为 15～25mm，办公室等较小房间的内墙，一般为小拉毛，石膏油的厚度应控制在 5mm

以下。

石膏油批上后，随即用腰圆形长猪鬃刷子捣到、捣匀，使石膏油厚薄一致。紧跟着进行拍拉，即形成高低均匀的毛面。

如石膏油拉毛面要求涂刷各色油漆时，应先涂刷1遍清油，然后将油漆适当调稀并采用喷涂方法，以方便操作。

石膏必须先过箩。石膏油如过稀，出现流淌时，可加入石膏粉调整。

6 壁纸、墙布及装饰贴膜裱糊操作

壁纸、墙布（也称壁布）是以纸或布为基材，上面覆有各种色彩或图案的装饰面层，用于室内墙面、吊顶装饰的一种饰面材料。具有品种多样、色彩丰富、图案变化多样、质轻美观、装饰效果好、施工效率高的特点，是使用最为广泛的内墙装饰材料之一。除装饰外，还有吸声、保温、防潮、抗静电等特点。经防火处理过的壁纸和墙布还具备相应的防火功能。

6.1 常用材料及工具

6.1.1 壁纸、墙布

1. 常用壁纸、墙布的分类

（1）按材质分：塑料壁纸、织物壁纸、金属壁纸、装饰墙布等。

（2）按功能分：除有装饰功能外，还有吸声、防火阻燃、保温、防霉、防菌、防潮、抗静电等特种壁纸、墙布。

（3）按花色分：套色印花压纹、仿锦缎、仿木材、仿石材、仿金属、仿清水砖及静电植绒等品种。

（4）按基材分：纸基壁纸和布基墙布。

2. 常用壁纸、墙布的特点及用途

常用壁纸、墙布的特点及用途，见表 6-1。

常用壁纸、墙布的特点及用途　　表 6-1

名称	特点	用途
普通壁纸（纸基涂塑壁纸）	以纸为基底，用高分子乳液涂布面层，再进行印花、压纹等工序制成的卷材。 具有花色品种多、耐磨、耐折、耐擦洗、可选性强等特点，是目前产量最大、应用最广的壁纸	各种建筑物的内墙装饰

续表

名称	特点	用途
发泡壁纸	高发泡印花壁纸又称浮雕壁纸，壁纸发泡率大，表面呈比较突出的、富有弹性的凹凸花纹，是一种装饰、吸声多功能壁纸； 低发泡印花压花壁纸也称化学浮雕或化学压花壁纸，是在发泡平面印有图案的品种，使表面形成具有不同色彩的凹凸花纹图案	
金属壁纸	以纸为基材，在其上真空喷镀一层铝膜形成反射层，再进行各种花色饰面，效果华丽、不老化、耐擦洗、无毒、无味。虽喷镀金属膜，但不形成屏蔽，能反射部分红外线辐射	高级宾馆、舞厅内墙、柱面装饰
麻草壁纸	是以纸为基层，以编织的麻草为面层，经复合加工而成的一种新型室内装饰墙纸。它具有阻燃、吸声、散潮湿、不变形等特点。并具有浓郁的自然气息，对人体无任何影响	
纺织纤维壁纸	也称为花色线壁纸。纺织纤维壁纸是目前国际上比较流行的新型壁纸。它是由棉、麻、丝等天然纤维或化学纤维制成各种色泽、花式的粗细纱或织物，用不同的纺纱工艺和花色粘线加工方式，将纱线粘到基层纸上，从而制成花样繁多的纺织纤维壁纸。还有的用编草、竹丝或麻皮条等天然材料，经过漂白或染色再与棉线交织后同基纸粘贴，制成植物纤维壁纸。 这种壁纸材料质感强，立体感强，色调柔和、高雅，具有无毒、吸声、透气等功能	用于饭店、酒吧等高档场所内墙面装饰
特种壁纸	具有特殊功能的塑料面层壁纸，如耐水壁纸、防火壁纸、抗腐蚀壁纸、抗静电壁纸、图景画壁纸、彩色砂粒壁纸、防污壁纸等	用于各种特殊需要的室内场所
玻璃纤维墙布	其优点：有布纹质感、耐火、耐潮、不易老化。 缺点：盖底能力稍差，涂层一旦被磨破会散落出少量玻璃纤维	适用于一般民用建筑室内装饰
纯棉装饰墙布	具有无光、吸声、耐擦洗、静电小、强度大、蠕变性小等特点	用于住宅、宾馆等公共建筑以砂浆、混凝土以及石膏板、胶合板、纤维板为基层的粘贴或浮挂
化纤装饰墙布	具有无毒、无味、透气、防潮、耐磨、不分层等优点	用于旅店、办公室、会议室和居民住宅等室内装饰

续表

名称	特点	用途
无纺墙布	有棉、麻、涤纶、腈纶等品种和多种花色图案，具有一定的透气性和防潮性，擦洗不褪色，富有弹性，不易折断，纤维不易老化，不散失，对皮肤无刺激作用，有色彩鲜艳、图案雅致、挺括，粘贴也较方便	用于宾馆、住宅内墙面装饰
锦缎墙布	华丽美观、无毒、无味、透气性好	宾馆、住宅内墙面

3. 常见壁纸、墙布的符号标志及意义

壁纸背面标有符号标志，不同符号标志表示不同壁纸的性能特点及施工方法，见表 6-2。

常见壁纸、墙布的符号标志及意义　　表 6-2

说明	符号	说明	符号
可擦拭		将胶粘剂涂敷于墙纸	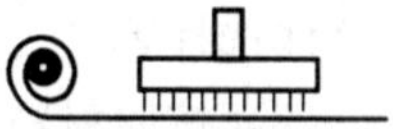
可洗		随意拼接	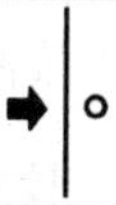
特别可洗			
可刷洗	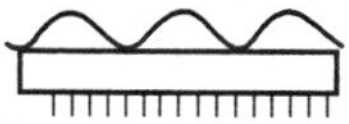	换向交替拼接	
一般耐光(3 级)		直接拼接	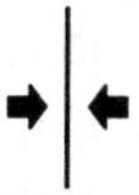 (由于图案循环重复面形成的尺寸)
耐光良好≥4 级	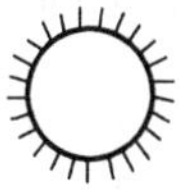	错位拼接	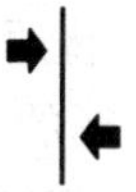 (由于图案循环重复面形成的尺寸)

注：1. 可擦拭性是指粘贴壁纸的胶粘剂附在壁纸的正面，在胶粘剂未干时用湿布或海绵拭去而不留下明显的痕迹。

2. 壁纸的可洗性是指壁纸在粘贴后的使用期内可洗涤的性能，这是对壁纸用在有污染和湿度较高地方的要求。

6.1.2 装饰贴膜

装饰贴膜是一种强韧柔软的特殊贴膜。在表面印刷出栩栩如生的木纹、石纹、金属、抽象图案等。颜色、质感种类丰富。通过反面涂覆的胶粘剂，可以贴到金属、石膏板、硅酸钙板、木材等各种基层上。

1. 装饰贴膜的特点

适合平面、曲面等多种形式的表面施工。具有优良的物理、化学特性。抗弱酸、弱碱及多种化学制品腐蚀，抗冲击、耐磨损、耐潮湿、耐火、绿色环保。

2. 装饰贴膜的分类

（1）按表面效果：仿木纹、单色、仿金属、仿石纹，多种色彩纹样选择等。

（2）按原材料分：PVC 类贴膜和非 PVC 类贴膜。

（3）按使用区域分：室内贴膜和室外贴膜。

6.1.3 胶粘剂

1. 自配胶粘剂

根据壁纸和墙布材料的特点和要求，在没有专用胶粘剂的情况下，一般可自行配制。其参考配方（重量比）如下：

（1）墙纸胶粘剂，见表 6-3。

（2）墙布胶粘剂：聚醋酸乙烯乳液（含量 50%）∶羧甲基纤维素（2.5%水溶液）＝60∶40。

（3）普通墙纸胶粘剂：在面粉浆糊中加面粉用量 10%的明矾或 0.2%的 108 胶。

2. 常用壁纸、墙布专用胶粘剂

（1）聚醋酸乙烯类胶粘剂：是由醋酸和乙烯合成，再经乳液聚合而成。具有常温固化、配制使用方便、粘结力强、耐霉菌性良好、固化较快等特点。

聚醋酸乙烯类胶粘剂的主要品种、成分，见表 6-4。

墙纸裱糊常用胶粘剂配方　　表 6-3

配方	108 胶	聚醋酸乙烯乳液	羧甲基纤维素溶液（1%～2%）	水
Ⅰ	100	—	20～30	60～80
Ⅱ	100	20	—	50
Ⅲ	—	100	20～30	适量

聚醋酸乙烯类胶粘剂的主要品种、成分　　表 6-4

名称	主要成分	用途
聚醋酸乙烯乳液（白乳胶）	聚醋酸乙烯	用作墙纸胶粘剂、水泥增强剂、木材胶粘剂
聚醋酸乙烯乳液	聚醋酸乙烯	用作各种墙纸胶粘剂及木材胶粘剂
SG-8104 壁纸胶粘剂	聚醋酸乙烯	适用于混合砂浆、混凝土、水泥石膏板、石膏板、胶合板等墙面粘贴纸基塑料壁纸

（2）聚乙烯醇类胶粘剂：是由聚醋酸乙烯经水解而成。其性能主要由它的分子量和醇解度来决定。分子量愈大结晶性愈强；水解性愈低，水溶液黏度愈大，则成膜性能愈好。它可作为纸基壁纸、墙布的胶粘剂，亦可作为玻璃纤维墙布的胶粘剂。其主要品种、成分见表 6-5。

聚乙烯醇胶粘剂的主要品种、成分　　表 6-5

名称	主要成分	用途
聚乙烯醇胶粘剂 编号：17—99 编号：17—88	聚乙烯醇	用作纸基壁纸的胶粘剂
SJ-801 建筑用胶（中南牌）	聚乙烯醇	用作纸基壁纸的胶粘剂

续表

名称	主要成分	用途
墙布胶粘剂(中南牌)	聚乙烯醇	用作墙布的胶粘剂粘玻璃纤维布和塑料壁纸时,不可掺水稀释
聚乙烯醇胶粘剂 编号: 05—88 09—88 12—88 14—88 20—88 24—88 32—88	聚乙烯醇	按聚乙烯醇:水=5:100的质量比,配成溶液,再加温到95~100℃,边加温边搅拌,直到完全溶解为溶液止。用作墙布的胶粘剂
编号:19—97		
编号:17—99		

(3)粉末壁纸胶:是以合成高分子为基料,加入其他辅料配制而成的一种固体粉末胶。产品具有无毒、无味、加水易溶、粘结力强、干燥速度快、不霉变、使用方便、便于包装运输等特点,适用于混凝土、水泥、抹灰、石膏板、木板等墙面上粘贴塑料壁纸和墙布。粉末壁纸的主要品种、成分,见表6-6。

粉末壁纸胶的主要品种、成分　　表6-6

名称	主要成分	用途
BJ8504 粉末壁纸胶	以合成高分子为基料加入其他辅料配制而成	1份胶粉中掺10~15份水,搅拌10min成胶液。适用于粘贴塑料壁纸和墙布
BJ8505 粉末壁纸胶	合成高分子	1份胶粉中掺3~4份水,搅拌10min即成。适用于壁纸粘贴
壁纸专用胶粉(腾飞牌)	合成高分子	1份胶粉中掺16~17份水,搅拌10~15min,适用于各种干或潮湿找平的墙面贴饰壁纸
BA-2型粉状壁纸胶粘剂	合成高分子	1份胶粉中掺入20份水,溶解15min可用作壁纸胶粘剂

续表

名称	主要成分	用途
立时得墙纸粉(丹麦"宝剑牌")	以改性面粉为主要原料,配制而成	适用于各类墙纸粘贴。对较厚的墙纸,需加入5%~10%聚醋酸乙烯酯粘合剂
壁纸粉末胶	合成高分子	1份胶粉中掺入16~17份水,搅拌5~10min即成溶胶 适用于各种墙面粘贴壁纸
粉状胶粘剂(汇丽牌)	合成高分子	1份胶粉,掺入9.5份水(重量比) 适用于壁纸、墙布粘贴
XJ-1粉末墙纸胶粘剂	以合成高分子为基料,加入其他辅料配制而成	1份胶粉,掺入20份水,搅拌5min后静止1~2h 适用于壁纸、墙布粘贴
立时贴墙纸粉	以改性淀粉为主要原料,配以助分散剂、稳定剂、防霉剂精制而成	在冷水中10~15min可成胶,可存放3~4d适用于壁纸、墙布粘贴

(4) 其他胶粘剂:壁纸、墙布其他胶粘剂的主要品种、成分,见表6-7。

其他壁纸、墙布胶粘剂的主要品种、成分　　表6-7

名称	主要成分	用途
8404墙布胶粘剂	水基性高分子合成纤维素树脂	适用于墙布粘贴,稠时可用温水稀释
841胶粘剂	丙烯酸合成树脂	适用于壁纸、墙布粘贴

3. 胶粘剂应用

(1) 壁纸胶粘剂的选用:应按壁纸品种和使用场所选配胶粘剂。如湿度较大的房间应选用防霉、防水性能好的胶粘剂;有防火要求的场所,应选用防火性能较好的胶粘剂。

(2) 成品胶的准备:胶粘剂应按一定量配比调匀,备好待用。

裱糊塑料壁纸的胶粘剂，可按聚醋酸乙烯乳液：1%～2%的羧甲基纤维素溶液：水＝100：（20～30）：适量配制。也可选用国产或进口的粉状壁纸胶粘剂。使用时，按其使用说明书进行配制。如国产 BA-2 胶粘剂，有溶水速度快，溶水后无结块，胶液黏度好，无毒、无味、易涂刷，胶液完全透明，不污染壁纸等特点。其使用方便，以水：胶＝20：1 的配合比（重量比），先将水搅成一个漩涡再将胶粉迅速倒入水中，继续搅拌 5min 即可配成。

（3）基层表面应平整坚实，阴阳角线通畅、顺直，小圆弧角度大小上下一致。应控制基层含水率，混凝土和抹灰层含水率不得大于 8%，基本干燥的特征是不泛白、无湿印、手感干燥。

（4）壁纸背面应先进行吸湿伸张，要点是“见湿不见水”。

（5）按壁纸的质量以及墙面基层表面状况，选择把胶刷在壁纸背面、把胶刷在墙面或是壁纸背面和墙面同时刷胶的做法。粘贴木质墙面时，必须在壁纸背面和墙面同时刷胶。涂胶量参照产品说明，一般而言，成品胶耗用量为 4～5m^2/kg 左右。

（6）施工粘贴时，随时用干净湿毛巾擦除壁纸表面污迹以取得良好的装饰效果。

（7）施工粘贴环境温度不低于 10℃。

（8）成品胶应贮存于干燥容器中，贮存时间参照产品说明，以免失效。

6.1.4 腻子与底层涂料

1. 腻子

用作修补、填平基层表面麻点、钉孔等。腻子配合比，见表 6-8。

腻子配合比（重量比） **表 6-8**

名称	石膏	滑石粉	熟桐油	羧甲基纤维素溶液(浓度 2%)	聚醋酸乙烯乳液
乳胶腻子	—	5	—	3.5	1

续表

名称	石膏	滑石粉	熟桐油	羧甲基纤维素溶液(浓度2%)	聚醋酸乙烯乳液
乳胶石膏腻子	10	—	—	6	0.5～0.6
油性石膏腻子	20	—	7	—	50

2. 底层涂料

为了避免基层吸水过快，将胶水迅速吸掉，使其失去粘结能力，或因干得太快而来不及裱贴操作，裱贴前应在基层面上先刷一遍底层涂料，作为封闭处理，待其干后再开始，吸水性特别大的基层，如纸面石膏板等，需涂刷两遍。配合比为：

(1) 清油配比：酚醛清漆∶松节油＝1∶3。

(2) 108胶∶水∶甲基纤维素＝1∶1∶0.2。

(3) 乳胶漆：用水稀释。其配合比为：乳胶漆∶水＝1∶5。

6.1.5 常用工具

1. 测量剪裁工具

测量剪裁工具，见表6-9。

测量剪裁工具 **表6-9**

序号	工具名称	图例	用途
1	钢卷尺		用于量尺寸和切割壁纸时作压尺
2	直尺		
3	线坠		作吊垂直用

续表

序号	工具名称	图例	用途
4	粉线包		弹出粉线
5	丁字尺		找正直角
6	壁纸刀		用于裁割及修整壁纸
7	剪刀		用于剪裁浸湿的壁纸、重型的纤维衬、布衬的乙烯基壁纸,以及墙上凸出物的壁纸掏孔、修剪
8	轮刀		用于裁割壁纸,尤其适于修整圆形凸起物周围的壁纸和边角轮廓;也适宜裁割金属箔类脆薄壁纸
9	手持修整器		用于将壁纸裁割成窄条;可修整壁纸的白边
10	修整刀		适用于修整、裁割壁纸边角和圆形凸起物周围的壁纸
11	导轨修整器		用于按需要尺寸裁割壁纸、修整壁纸

2. 刷胶粘贴工具

刷胶粘贴工具，见表 6-10。

刷胶粘贴工具 **表 6-10**

序号	工具名称	图例	用途
1	羊毛刷		用于壁纸刷胶
2	壁纸刷	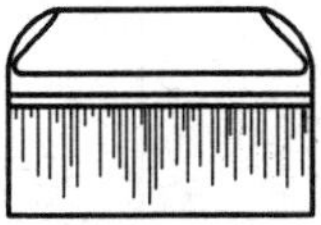 长毛刷  短毛刷	用于将定位后的壁纸刷平、刷实； 短毛刷用于乙烯基类壁纸，长毛刷用于中型或脆薄型壁纸
3	滚筒刷	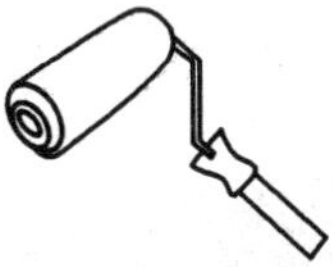	滚刷底漆、胶水
4	辊筒	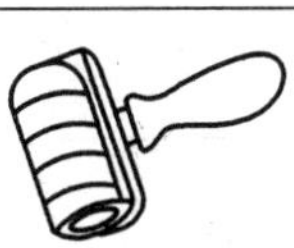 毡辊 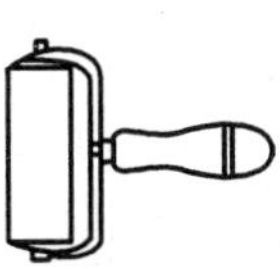 橡胶辊	适用于滚压已定位的壁纸，驱赶壁纸内气泡；橡胶辊适于硬乙烯壁纸或大型的壁画壁纸

续表

序号	工具名称	图例	用途
5	刮板		用于一般壁纸定位后的压实和驱赶气泡。不适于发泡壁纸和脆薄型壁纸
6	压缝辊和阴缝辊		用于滚压壁纸接缝,其中阴缝辊专用于阴缝部位壁纸压滚,防止翘边。不适于绒絮面、金属箔、浮雕壁纸
7	压缝海绵		用于金属箔、绒面、浮雕型或脆弱型壁纸的压缝
8	工作台		用于壁纸的裁割、刷胶、测量尺寸
9	壁纸上胶机		用于壁纸铺贴前打胶
10	气钉枪		用于打钉的气动工具,配合空气压缩机使用,利用气体压力将钉子射出,以固定对象物件

6.2 壁纸裱糊操作

6.2.1 施工准备

1. 作业条件

（1）新建筑物的混凝土或抹灰基层墙面在刮腻子前应涂刷抗碱封闭底漆。

（2）旧墙面在裱糊前应清除疏松的旧装修层，并刷涂界面剂。

（3）水泥砂浆找平层已抹完，经干燥后含水率不大于8%，木材基层含水率不大于12%。

（4）水电及设备、墙上预留预埋件已完。门窗油漆已完成。

（5）房间地面工程已完，经检查符合设计要求。

（6）房间的木护墙和细木装修底板已完，经检查符合设计要求。

（7）大面积装修前，应做样板间，经监理单位鉴定合格后，可组织施工。

2. 测量放线

（1）顶棚：首先应将顶面的对称中心线通过吊直、套方、找规矩的办法弹出中心线，以便从中间向两边对称控制。

（2）墙面：首先应将房间四角的阴阳角通过吊垂直、套方、找规矩，并确定从哪个阴角开始按照壁纸的尺寸进行分块弹线控制（无图案墙纸通常做法是进门左阴角处开始铺贴第一张，有图案墙纸应根据设计要求进行分块）。

（3）具体操作方法：按壁纸的标准宽度找规矩，每个墙面的第一条线都要弹线找垂直，第一条线距墙阴角约15cm处，作为裱糊时的准线，基准垂线弹得越细越好。墙面上如有门窗口的应增加门窗两边的垂直线。

6.2.2 壁纸裱糊主要工序

壁纸裱糊主要工序，见表 6-11。

壁纸裱糊的主要工序　　　　表 6-11

项次	工序名称	抹灰面混凝土			石膏板面			木料面		
		复合壁纸	PVC壁纸	带背胶壁纸	复合壁纸	PVC壁纸	带背胶壁纸	复合壁纸	PVC壁纸	带背胶壁纸
1	清扫基层、填补缝隙磨砂纸	+	+	+	+	+	+	+	+	+
2	接缝处糊条				+	+	+	+	+	+
3	找补腻子、磨砂纸				+	+	+	+	+	+
4	满刮腻子、磨平	+	+	+						
5	涂刷涂料一遍							+	+	+
6	涂刷底胶一遍	+	+	+	+	+	+			
7	墙面划准线	+	+	+	+	+	+	+	+	+
8	壁纸浸水润湿		+			+	+		+	+
9	壁纸涂刷胶粘剂	+			+			+		
10	基层涂刷胶粘剂	+	+		+	+		+	+	
11	纸上墙、裱糊	+	+	+	+	+	+	+	+	+
12	拼缝、搭接、对花	+	+	+	+	+	+	+	+	+

续表

项次	工序名称	抹灰面混凝土			石膏板面			木料面		
		复合壁纸	PVC壁纸	带背胶壁纸	复合壁纸	PVC壁纸	带背胶壁纸	复合壁纸	PVC壁纸	带背胶壁纸
13	赶压胶粘剂、气泡	+	+	+	+	+	+	+	+	+
14	裁边		+			+			+	
15	擦净挤出的胶液	+	+	+	+	+	+	+	+	+
16	清理修整	+	+	+	+	+	+	+	+	+

注：1. 表中"+"号表示应进行的工序。
2. 不同材料的基层相接处应糊条。
3. 混凝土表面和抹灰表面必要时可增加满刮腻子遍数。
4. "裁边"工序，在使用宽为920mm、1000mm、1100mm等需重叠对花的PVC压延壁纸时进行。

6.2.3 基层处理

1. 基层处理要求

裱糊壁纸的基层，要求坚固密实，表面平整光洁，无疏松、粉化，无孔洞、麻点和飞刺，表面颜色应一致。含水率不得大于8%。木质基层（含水率不大于12%）和石膏板等轻质隔墙，要求其接缝平整，不显接槎，不得外露钉头，钉眼用油性腻子填平。

附着牢固、表面平整的旧溶剂型涂料墙面，裱糊前应打毛处理。

2. 常用的基层处理方法

根据基层不同材质，采用不同的处理方法。常用的基层或基体表面的处理方法，见表6-12。

3. 混凝土及抹灰基层处理

混凝土及抹灰基层裱糊前，应将其表面的污垢、尘土清除干净，泛碱部位宜使用9%的稀醋酸中和、清洗。不得有飞刺、麻点、砂粒和裂缝。

基层或基体表面的处理方法　　　　表 6-12

序号	基层或基体的表面类型	处理方法						
		确定含水率	刷洗或漂洗	干刮	干磨	钉头补防锈油	填充接缝、钉孔裂缝	刷胶
1	混凝土	+	+	+	+		+	+
2	泡沫聚苯乙烯	+					+	
3	石膏面层	+		+	+		+	+
4	石灰面层	+		+	+		+	+
5	石膏板	+				+	+	+
6	加气混凝土板	+				+	+	+
7	硬质纤维板	+				+	+	+
8	木质板	+			+	+	+	+

注：1. 刷胶是为了避免基层吸水过快，将涂于基层表面的胶液迅速吸干，使壁纸来不及裱糊在基层面上，因此，在涂胶前，先在基层表面上刷一遍 1∶(0.5～1)的 108 胶水作为封闭处理，待其干后再开始涂胶和裱糊。如吸水性特别大可刷两遍。

2. 表中"+"号表示应进行的工序。

基层清扫洁净后，满刮一遍腻子并用砂纸磨平。如基层有气孔、麻点或凹凸不平时，应增加刮腻子和磨砂纸的遍数。腻子应用乳液滑石粉、乳液石膏或油性石膏等强度较高的腻子，不应用纤维素大白等强度低、遇湿溶胀剥落的腻子。

刮腻子时，将混凝土或抹灰面清扫干净，使用胶皮刮板满刮一遍。刮时要有规律，要一板接一板，两板中间顺一板。既要刮严，又不得有明显接槎和凸痕。做到凸处薄刮，凹处厚刮，大面积找平。待腻子干固后，打磨砂纸并扫净。需要增加满刮腻子遍数的基层表面，应先将表面裂缝及凹面部分刮平；然后打磨砂纸、扫净，再满刮一遍后打磨砂纸，处理好的底层应平整光滑，阴、阳角线通畅、顺直，无裂痕、崩角，无砂眼麻点，基层阴阳角应顺直。

4. 木质基层处理

木基层要求接缝不显接茬，接缝、钉眼应用腻子补平并满刮油性腻子一遍（第一遍），用砂纸磨平。第二遍可用石膏腻子找平，腻子的厚度应减薄，可在该腻子五六成干时，用塑料刮板有规律地压光，最后用干净的抹布轻轻将表面灰粒擦净。

对要贴金属壁纸的木基面处理，第二遍腻子时应采用石膏粉调配猪血料的腻子，其配比为 10∶3（重量比）。金属壁纸对基面的平整度要求很高，稍有不平处或粉尘，都会在金属壁纸裱贴后明显地看出。所以金属壁纸的木基面处理，应与木家具打底方法基本相同，批抹腻子的遍数要求在三遍以上。批抹最后一遍腻子并打平后，用软布擦净。

5. 石膏板基层处理

纸面石膏板板面及对缝处和螺钉孔位处应批抹油性石膏腻子。

缝批抹腻子后，应用棉纸带贴缝，以防止对缝处的开裂（图 6-1、图 6-2）。

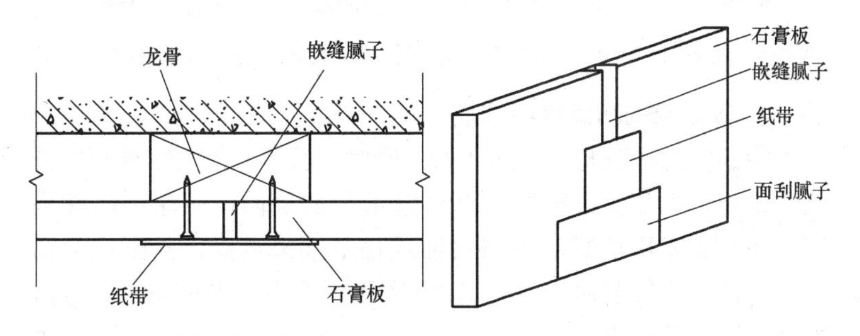

图 6-1　石膏板对缝节点图（一）　　图 6-2　石膏板对缝节点图（二）

质量要求较高时，应在纸面石膏板上满刮腻子一遍，找平大面，再第二遍腻子进行修整。

6. 不同基层对接处的处理

不同基层材料的相接处，如石膏板与木夹板（图 6-3）、水泥或抹灰面与木夹板（图 6-4）、水泥或抹灰面与石膏板之间的对缝（图 6-5），应用棉纸带或穿孔纸带粘贴封口，以防止裱糊后的壁纸面层被拉裂撕开。

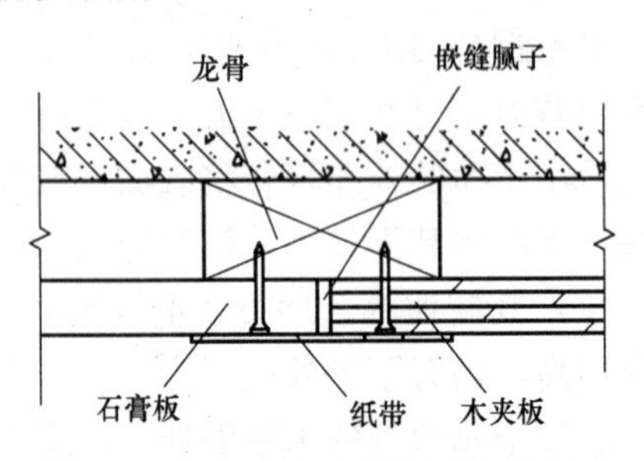

图 6-3 石膏板与木夹板对缝节点图

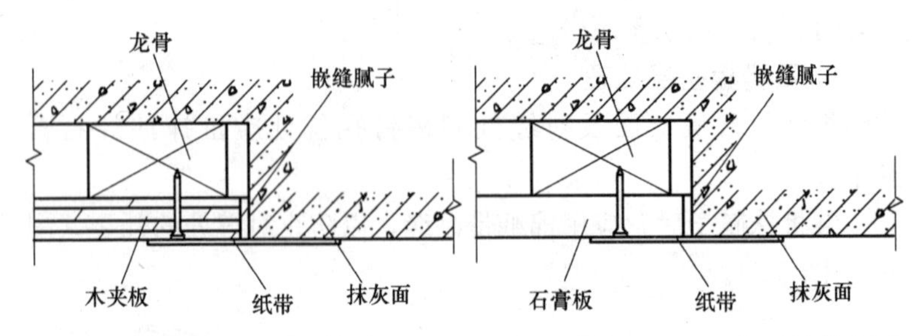

图 6-4 抹灰面与木夹板对缝节点图 图 6-5 抹灰面与石膏板对缝节点图

7. 基层涂刷防潮底漆和底胶

涂刷防潮底胶是为了防止壁纸受潮脱胶，一般要裱糊塑料壁纸、壁布、纸基塑料壁纸、金属壁纸等的墙面，应涂刷防潮底漆。防潮底漆用酚醛清漆与汽油或松节油来调配，其配比为清漆∶汽油（或松节油）=1∶3。该底漆可涂刷，也可喷刷，漆液不宜过厚，且要均匀一致。

底胶一般用胶粘剂配少许甲醛纤维素加水调成，其配比为胶粘剂∶水∶甲酸纤维素=10∶10∶0.2。底胶可涂刷，也可喷刷。在涂刷防潮底漆和底胶时，室内应无灰尘，且防止灰尘和杂物混入该底漆或底胶中。底胶一般宜为一遍成活，但不能漏刷、漏喷。

若面层贴波音软片，基层处理后要达到硬、干、光。即在基层处理后，还要增加打磨同时刷二遍清漆。

6.2.4 弹线预拼、裁纸及刷胶

1. 弹线及预拼

为使裱糊壁纸时纸幅垂直、花饰图案连贯一致，应先分格弹线，线色应与基层同色。

弹线时应从墙面阴角处开始，按壁纸的标准宽度找规矩，每个墙面的第一条纸都应弹线找垂直，第一条线距墙阴角约 15cm 处，作为裱糊时的准线。

在第一条壁纸位置的墙顶处钉一枚墙钉，将带墨锤线系上，铅锤下吊到踢脚上缘处，锤线静止不动后，一手紧握锤头，按锤线的位置用铅笔在墙面划一短线，再松开铅锤头查看垂线是否与铅笔短线重合。如果重合，用一只手将垂线按在铅笔短线上，另一只手把垂线往外拉，放手后使其弹回，便可得到墙面的基准垂线，如图 6-6 所示。弹出的基准垂线越细越好。

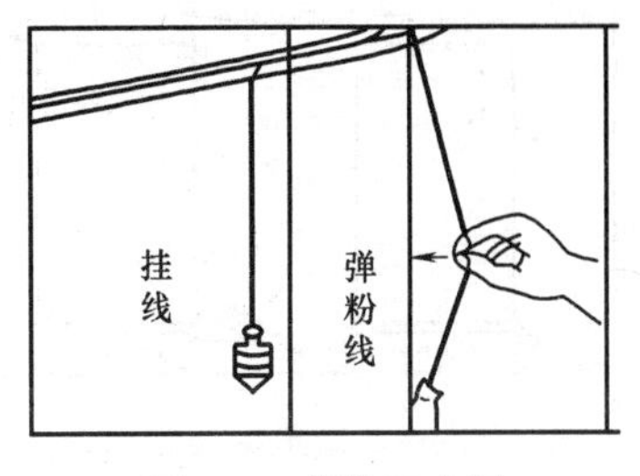

图 6-6 弹线示意图

每个墙面的第一条垂线，应该定在距墙角距离为 15cm 处。墙面上有门窗口的应增加门窗两边的垂直线。

将窄条纸的裁切边留在阴角处，阳角处不得有接缝。遇有门窗等部位时，一般以立边分划为宜，便于摺角贴立边（图 6-7）。

全面裱糊前应先预拼试贴，观察接缝效果，确定裁纸尺寸及花饰拼贴。

2. 裁纸

为使粘贴后墙面色泽图案一致，应先对壁纸进行挑选，将色差明显，图案有异的剔除。

壁纸既要考虑墙面各部位尺寸，又要考虑粘贴后的花纹、图案、拼接及色泽效果。

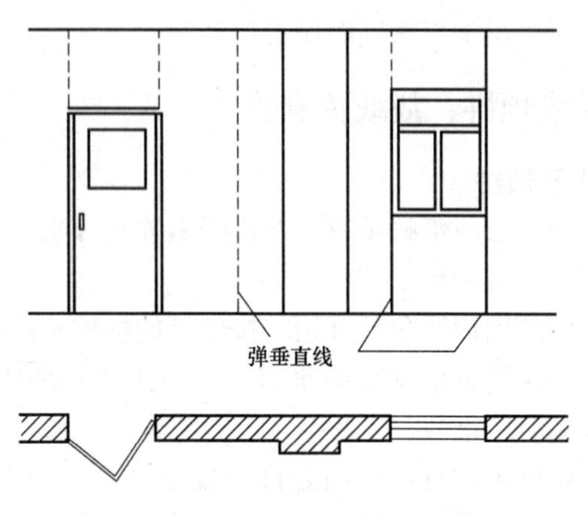

图 6-7　墙面弹线位置示意图

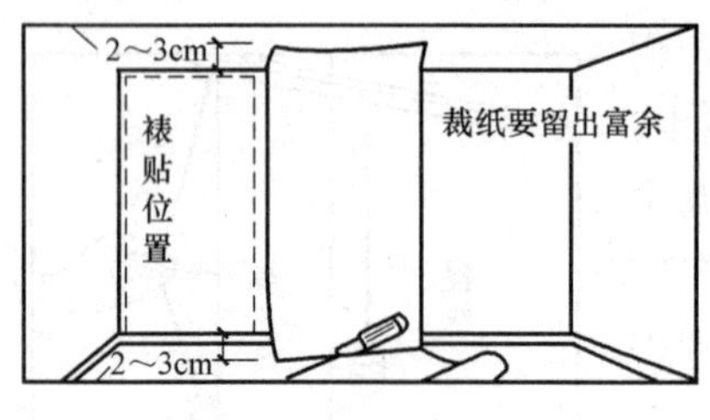

图 6-8　裁纸留余量示意图

按基层实际尺寸进行测量计算所需用量，如采用搭接施工应在每边增加2～3cm 作为裁纸量，如图 6-8 所示。

根据弹线找规矩的实际尺寸统一规划裁纸，裁纸应在工作台上进行，用壁纸刀、剪刀将壁纸按设计图纸要求进行裁切。对有图案的材料，无论顶棚还是墙面均应从粘贴的第一张开始对花，墙面从上部开始。边裁边编顺序号，以便按顺序粘贴。

裁纸时以上口为准，下口可比规定尺寸略长 1～2cm。如为带花饰的壁纸，应先将上口的花饰对好，小心裁割，不得错位。

3. 润纸

（1）纸胎的聚氯乙烯塑料壁纸涂胶粘贴前，应事先湿润，传统称为闷水。这样做的目的是使壁纸不致在粘贴时吸湿膨胀，出现气泡、皱折。

（2）聚氯乙烯塑料壁纸遇水或胶液浸湿后即膨胀，大约需

5～10min胀足，干燥后又自行收缩，因此要用水润纸，使塑料墙纸充分膨胀。

闷水处理的一般做法是将塑料壁纸置于水槽中浸泡2～3min，取出后抖掉多余的水，再静置10～20min，然后再进行裱糊操作。

（3）对于玻璃纤维基材及无纺贴墙布类材料，遇水无伸缩，无需润纸，可不需要进行湿润。

（4）对于金属壁纸，在裱糊前也需要进行适当的润纸处理，但闷水时间应当短些，即将其浸入水槽中1～2min取出，抖掉多余的水，再静置5～8min，然后再进行裱糊操作。

（5）纸质壁纸的湿强度较差，严禁浸湿处理，为达到软化此类壁纸以利于裱糊的目的，可在壁纸的背面均匀的涂刷胶粘剂，然后将胶面对胶面自然对折静置5～8min，即可上墙裱糊。

（6）纺织纤维壁纸不能在水中浸泡，可用洁净的湿布在其背面稍做擦拭，然后即可裱糊，玻璃纤维基材的壁纸、墙布等，遇水无伸缩，无需润纸。

4. 刷胶粘剂

壁纸裱糊胶粘剂的涂刷，应薄而均匀，不得漏刷；墙面阴角、阳角部位应增刷胶粘剂1～2遍。对于自带背胶的壁纸，则无需再使用胶粘剂。

根据壁纸的品种特点，胶粘剂的施涂分为在壁纸的背面涂胶、在被裱糊基层上涂胶，以及在壁纸的背面和基层上同时涂胶。如：聚氯乙烯塑料壁纸，背面可不涂胶粘剂，而在基层上涂刷。纺织纤维壁纸，为增强粘接能力，材料背面及基层均应涂刷。基层表面的涂刷宽度要比预贴的壁纸宽2～3cm。纸基壁纸背涂胶静置软化后，裱糊时基层也应涂刷。玻璃纤维墙布，只需将胶粘剂涂刷在基层上，不必在背面涂刷。

玻璃纤维墙布和无纺墙布时，背面不能刷胶粘剂，需将胶粘剂刷在基层上。因为墙布有细小孔隙，胶粘剂会印透表面而出现胶痕，影响美观。

将预先选定的胶粘剂，按要求调配或溶水（粉状胶粘剂）备用，当日用完。

纸面、胶面、布面等壁纸，在进行施工前将2～3块壁纸进行刷胶，使壁纸起到湿润、软化的作用。

金属壁纸的胶液应是专用的壁纸粉胶。刷胶时，准备一个长度大于壁纸宽的圆筒，一边在裁剪好的金属壁纸背面刷胶，一边将刷过胶的部分向上卷在圆筒上，如图6-9所示。

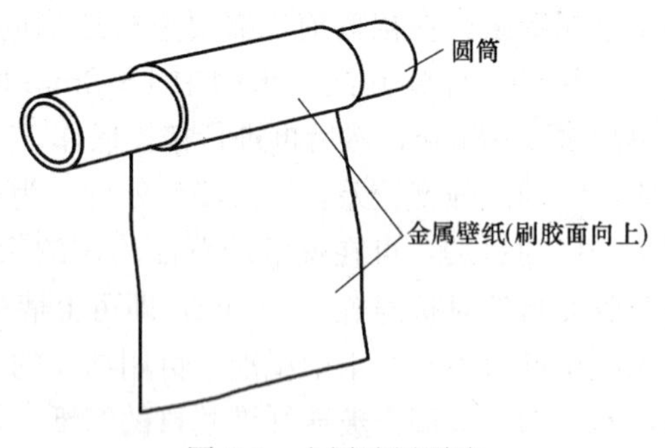

图6-9　金属壁纸刷胶

6.2.5　普通壁纸裱糊施工操作

1. 吊顶裱贴

吊顶裱贴多采用推贴法裱糊，在吊顶面上裱贴壁纸，第一段通常要贴近主窗，与墙壁平行。长度过短时（小于2m），则可跟窗户成直角贴。

在裱贴第一段前，须先弹出一条直线。其方法为，在距吊顶面两端的主窗墙角10mm处用铅笔做两个记号，在其中的一个记号处钉一枚钉子，按照前述方法在吊顶上弹出一道与主窗墙面平行的粉线。

按上述方法裁纸、浸水、刷胶后，将整条壁纸反复折叠。然后用一卷未开封的壁纸卷或长刷撑起折叠好的一段壁纸，并将边缘靠齐弹线，用排笔敷平一段，再展开下摺的端头部分，并将边缘靠齐弹线，用排笔敷平一段，再展开弹线敷平，直到整截贴好为止。裱糊时将壁纸卷成一卷，一人推着前进，另一人将壁纸赶平，赶密实，如图 6-10 所示。

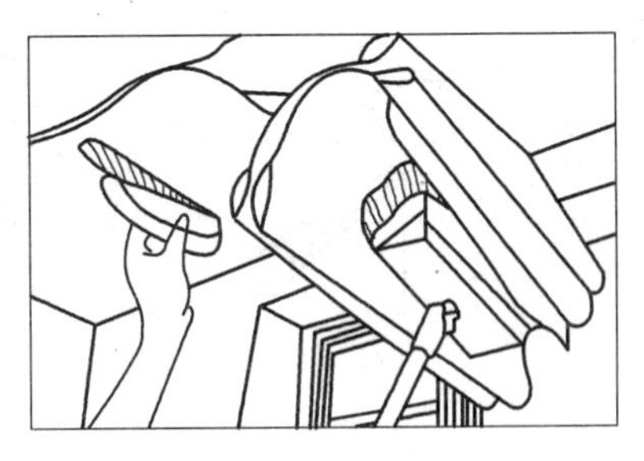

图 6-10　天花板（顶棚）裱贴

裱贴壁纸时，注意在阳角处不能拼缝，阴角壁纸应搭缝，阴角边壁纸搭缝时，应先裱糊压在里面的转角壁纸，再粘贴非转角的正常壁纸。搭接面应根据阴角垂直度而定，搭接宽度一般不小于 2～3cm。并且要保持垂直无毛边。

2. 墙面裱贴

墙面裱贴原则是先垂直面后水平面，先细部后大面。贴垂直面时先上后下，贴水平面时先高后低。可采用搭接法和拼接法。

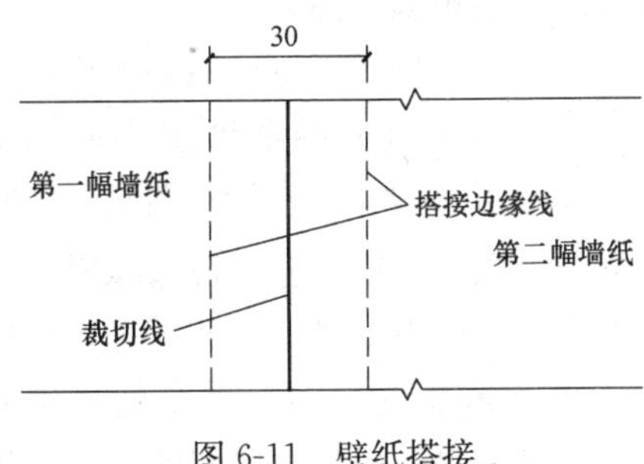

图 6-11　壁纸搭接

搭接法：用于无须对接图案的壁纸的裱贴。裱贴时，使相邻的两幅壁纸重叠，然后用直尺及壁纸刀在重叠处的中间将两层壁纸切开，如图 6-11 所示。再分别将切断的两幅壁纸边条撕掉，再用刮板、压平滚从上往下斜向赶出气泡和多余的胶液使之贴实，如图 6-12 所示，刮出的胶液用洁净的湿毛巾擦干净，然后用接缝滚将壁纸接缝压平，如图 6-13 所示。

拼接法裱糊：壁纸上墙前先按对花拼缝裁纸，上墙后将相邻的两幅壁纸直接拼缝、对花，一般用于带图案或花纹壁纸的裱贴。壁纸在裱贴前先按编号及背面箭头试拼，然后按顺序将相邻的两幅壁纸直接拼缝及对花逐一裱贴于墙面上，再用刮板、压平

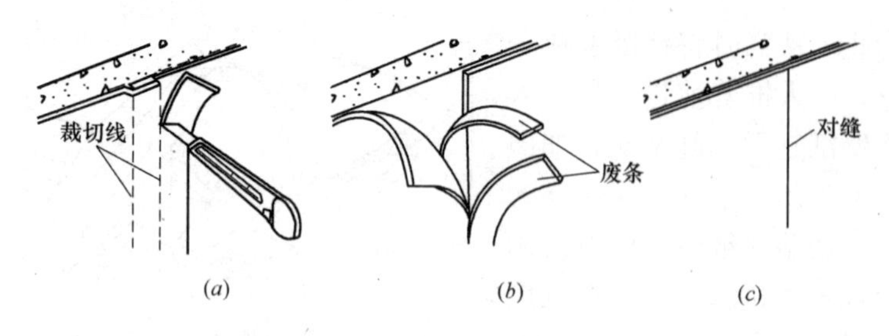

图 6-12　搭缝裁切

(a) 搭接裁切；(b) 揭去废条；(c) 复位对缝

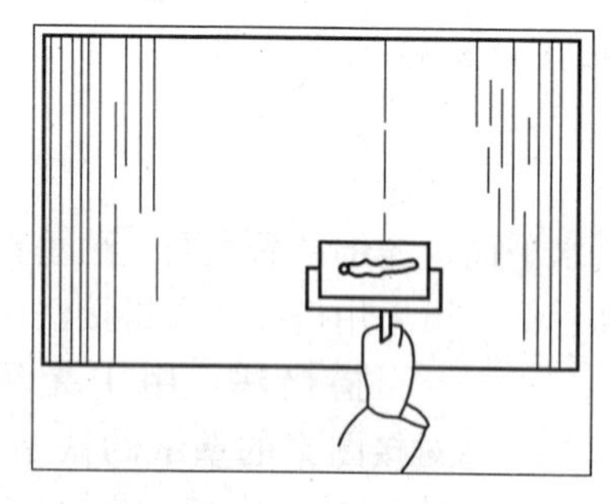
图 6-13　压平示意

滚从上往下斜向赶出气泡和多余的胶液使之贴实，刮出的胶液用洁净的湿毛巾擦干净，然后用接缝滚将壁纸接缝压平。刮出的胶粘剂用湿毛巾擦干净。

操作要点：裱贴时，先将上过胶的壁纸下半截向上折一半，握住顶端的两角，在四脚梯或凳上站稳后，展开上半截，凑近墙壁，使边缘靠着垂线成一直线，轻轻压平，由中间向外用刷子将上半截敷平，在壁纸顶端作出记号，然后用剪刀修齐或用壁纸刀将多余的壁纸割去。再按上法同样处理下半截，修齐踢脚板与墙壁间的角落。用海绵擦掉沾在踢脚板上的胶糊。壁纸贴平后，3～5h 内，在其微干状态时，用小滚轮（中间微起拱）均匀用力滚压接缝处。

3. 拼花

有花饰图案的壁纸，如采用搭接法裱糊时，相邻两幅纸应使花饰图案准确重叠，然后用直尺在重叠处由上而下一刀裁断，撕掉余纸后粘贴压实。

（1）纸的拼缝处花形要对接拼搭好。

（2）铺贴前应注意花形及纸的颜色保持一致。

（3）墙与顶壁纸的搭接应根据设计要求而定，一般有挂镜线或阴角线的房间应以挂镜线或阴角线为界，无挂镜线或阴角线的房间要处理好阴角的收口。

（4）花形拼接如出现困难时，错槎应尽量甩在不显眼的阴角处，大面处不应出现错槎和花形混乱的现象。

4. 细部处理

（1）为保证壁纸的颜色、花饰一致，裁纸时应统一安排，按编号顺序裱糊。主要墙面应用整幅壁纸，不足幅宽的壁纸应用在不明显的部位或阴角处。

（2）壁纸在阴角、阳角不允许甩槎接缝，应包角压实。

阴角处必须裁纸顺光搭缝，不允许整张纸铺贴，避免产生空鼓与皱折。阴角壁纸搭缝时，应先裱糊压在里面的壁纸，再粘贴面层壁纸，搭接面应根据阴角垂直度而定，一般宽度不大于10cm，且不宜小于3cm，如图6-14所示。

阳角处的粘贴大都采用整张纸，它要照顾一个角到两个面，都要尺寸到位、表面平整、粘贴牢固，是有一定的难度，阴角比阳角稍好一点，但与抹灰基层质量有直接关系，只要胶不漏刷，赶压到位，是可以防止空鼓的。要防止阴角断裂，关键是阴角壁纸接槎时必须拐过阴角1～2cm，使阴角处形成了附加层，这样就不会由于时间长、壁纸收缩，而造成阴角处壁纸断裂，如图6-15所示。

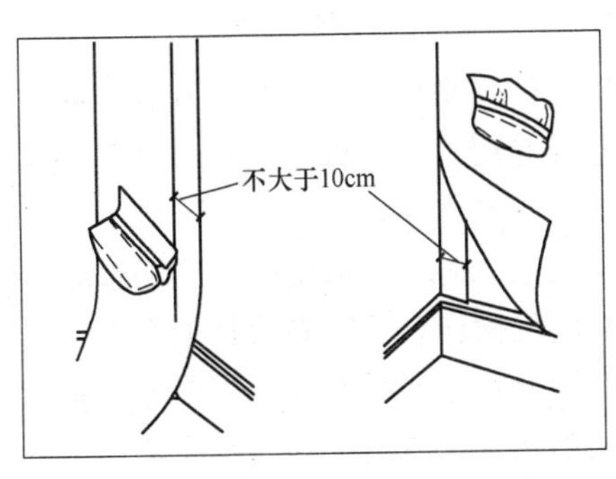

图6-14　阴角贴法

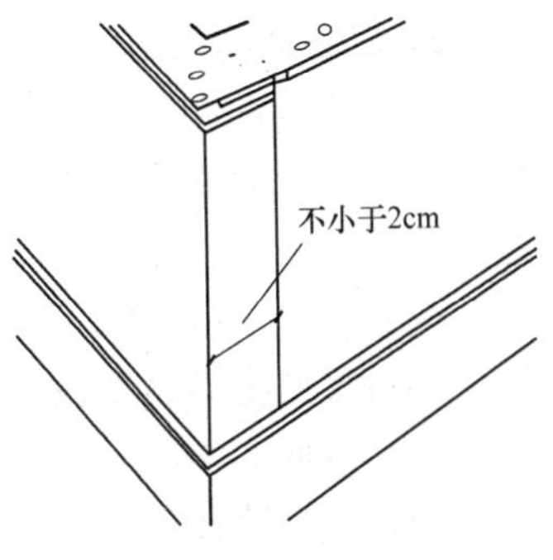

图6-15　阳角贴法

（3）墙面上遇有电气开关、插座及其他墙面突出物时，应在其位置上做标记，操作时先关掉总电源，然后将壁纸轻轻糊于配件上面，并找到中心点，从中心开始切割十字，一直切到墙体边出现 4 个小三角形，然后用手按出突出物的轮廓位置，慢慢拉起多余的壁纸，剪去不需的部分，再用橡胶刮子刮平，并擦去刮出的胶液，使突出物四周不留缝隙，如图 6-16 所示。

（4）壁纸与顶棚、挂镜线、踢脚线的交接处应严密顺直。裱糊后，将上下两端多余壁纸切齐，撕去余纸贴实端头，如图6-17所示。

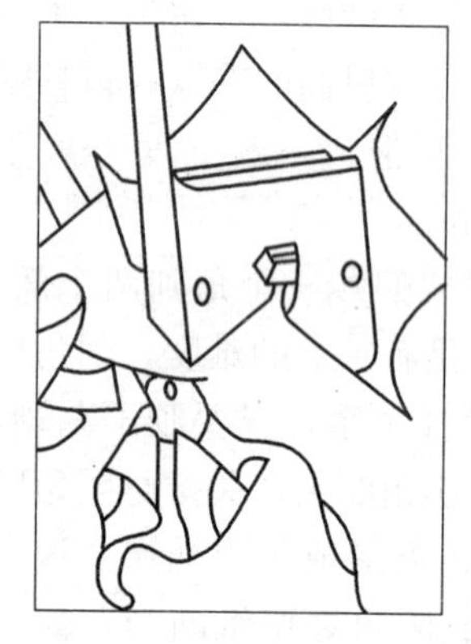
图 6-16　电气开关位置裱贴

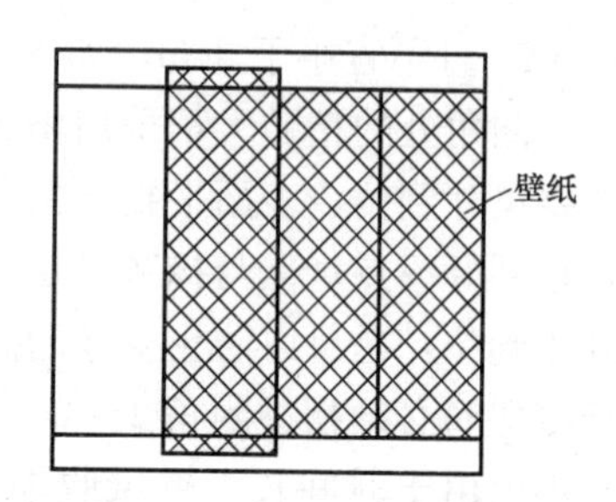

图 6-17　顶端与底端的剪切

5. 应注意的问题

（1）边缘翘起：主要是接缝处胶刷得少、局部未刷胶，或边缝未压实，干后出现翘边、翘缝等现象。发现后应及时刷胶辊压修补好。

（2）上、下端缺纸：主要是裁纸时尺寸未量好，或切裁时未压住钢板尺而走刀将纸裁小。施工操作时一定要认真细心。

（3）墙面不洁净，斜视有胶痕：主要是没及时用湿毛巾将胶痕擦净，或虽清擦但不彻底又不认真，或由于其他工序造成壁纸污染等。

（4）壁纸表面不平，斜视有疙瘩：主要是基层墙面清理不彻底，或虽清理但没认真清扫，因此基层表面仍有积尘、腻子包、水泥斑痕、小砂粒、胶浆疙瘩等，故粘贴壁纸后会出现小疙瘩；或由于抹灰砂浆中含有未熟化的生石灰颗粒，也会将壁纸拱起小包。处理时应将壁纸切开取出污物，再重新刷胶粘贴好。

（5）壁纸有泡：主要是基层含水率大，抹灰层未干就铺贴壁纸，由于抹灰层被封闭，多余水分出不来，气化就将壁纸拱起成泡。处理时可用注射器将泡刺破并注入胶液，用辊压实。

（6）面层颜色不一，花形深浅不一：主要是壁纸质量差，施工时没有认真挑选。

6.2.6 金属壁纸裱糊施工操作

金属壁纸在裱糊前也需浸水，但浸水时间较短，1～2min 即可。将浸水的金属壁纸抖去水，阴放 5～8min，在其背面涂胶。

金属壁纸涂胶的胶液是专用的壁纸粉胶。涂胶时，准备一卷未开封的发泡壁纸或长度大于壁纸宽的圆筒，一边在裁剪好并浸过水的金属壁纸背面涂胶，一边将刷过胶的部分，向上卷在发泡壁纸卷上，如图 6-18 所示。

由于特殊面材的金属壁纸，其收缩量很少，在裱贴时可采用拼接裱糊，也可用搭接裱糊。其他要求与普通壁纸相同。

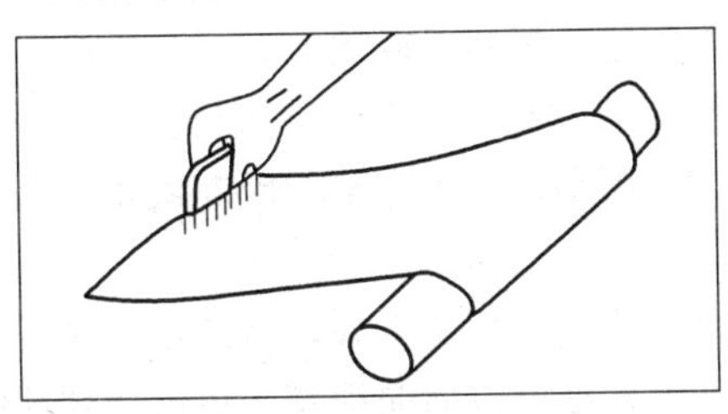

图 6-18 金属壁纸涂胶方法

6.2.7 麻草壁纸裱糊施工操作

（1）用热水将 20％的羧甲基纤维素溶化后，配上 10％的白乳胶，70%的108胶，调匀后待用。用胶量为0.1kg/m²。

（2）按需要下好墙纸料，粘贴前先在墙纸背面刷上少许的水，但不能湿。

（3）将配好的胶液取出一部分，加水3～4倍调好，粘贴前刷在墙上，一层即可（达到打底的作用）。

（4）将配好的胶加1/3的水调好，粘贴时往壁纸背面刷一遍，再往打好底的墙上刷一遍，即可粘贴。

（5）贴好壁纸后用小胶辊将壁纸压一遍，达到吃胶、牢固去褶子目的。

（6）完工后再检查一遍，有开胶或粘不牢固的边角，可用白乳胶粘牢。

6.2.8 纺织纤维壁纸裱糊施工操作

纺织纤维壁纸的裱糊工序主要控制两点：一是拼缝要严密，二是拼缝部位溢出的脱粘胶及壁纸表面的脏痕应及时清理干净。要做到1.5m正视不显拼缝，斜视无胶痕。

1. 施工要点

（1）裁纸时，应比实际长度多出2～3cm，剪口要与边线垂直。

（2）粘贴时，将纺织纤维壁纸铺好铺平，用毛辊沾水湿润基材，纸背的润湿程度以手感柔软为好。

（3）将配制好的胶粘剂（PVC）刷到基层上，然后将湿润的壁纸从上而下，用刮板向下刮平，因花线垂直布置，所以不宜横向刮平。

（4）拼装时，接缝部位应平齐，纱线不能重叠或留有间隙。

（5）纺织纤维壁纸可以横向裱糊，也可竖向裱糊，横向糊时使纱线排列与地面平行，可增加房间的纵深感。纵向糊时，纱线排列与地面垂直，在视觉上可增加房间的高度。

2. 注意事项

（1）大面积裱糊时，宜做样板间。裱糊壁纸后的墙面，不得随意开洞、打洞，因为后补的部位容易产生“补丁”的效果。

（2）裱糊墙面的另一面，如果是湿度较大的房间，要考虑水分或水蒸气对另一面的影响，所以，要采取必要的防潮措施。

（3）在潮湿的季节，裱糊完毕，白天宜打开窗，适当加强通风。夜晚宜将门窗关闭，防止潮湿气体侵入。如果房间潮湿，通风不够，壁纸表面易产生黑斑。

6.2.9 特种壁纸裱糊施工操作

（1）裱糊时，墙面和纸背均须刷胶，要求薄，均匀一致，不裹边。纸背刷胶后，胶面与胶面应付叠，避免胶干得太快，便于上墙。

（2）特种塑料壁纸刷胶 5～10min 后，约能胀出 0.5%～1.2%，干后收缩 0.2%～0.8%。这个特点使壁纸裱糊干燥后能抽缩绷紧，小的凸起处干后会自行平服。因此，刷胶后应静置5min，使其充分吸湿伸胀后再上墙。

（3）根据阴角搭缝里外关系，决定先做哪一片墙面。贴每片墙第一条壁纸时，要先在墙上用铅笔划垂直线，其位置可比一幅壁纸宽再让出 0.5cm 左右。每片大墙面均先从较亮的一端以整幅壁纸开始，将窄幅甩在较暗一端的阴角处。

（4）裱糊时由上而下，上端不留余量，一侧先对花接缝到底，后贴大面。

（5）纯纸墙纸的施工要点：纯纸墙纸的表面比较软，施工时不能使用刮板，应用短毛刷和毛巾，贴好后需把墙纸的表面全部用毛巾清洁一遍。

（6）砂粒（喷砂）墙纸的施工要点：

1）砂粒墙纸质地厚、重，胶液配制的稠度要高，黏度要好。粘贴时，可在墙纸背面及墙面上同时均匀刷胶，以达到墙纸和墙面的紧密结合。不可将墙纸浸水。

2）为防止破坏砂粒表面，粘贴时不可使用硬质刮板。应用柔软（绒质或橡胶）辊轮在砂粒面上滚压，以达到和墙面密切粘贴。如接缝处有多余胶液，可用海绵、洁净毛巾或面巾纸及时吸附干净，但不可擦洗。

6.3 墙布裱糊施工操作

6.3.1 基层处理及刷封闭胶

墙布裱糊的基层处理要求、方法及刷封闭胶与壁纸基本相同。由于玻璃纤维墙布和无纺墙布的遮盖力稍差，如基层颜色较深时，应满刮石膏腻子或在胶粘剂中掺入适量白色涂料。裱糊锦缎的基层应彻底干燥。

6.3.2 弹线预拼、裁布及刷胶

墙布裱糊前的弹线找规矩工作与壁纸基本相同。根据墙面需要粘贴的长度，适当放长10～15cm，再按花色图案，以整倍数进行裁剪，以便于花型拼接。裁剪的墙布要卷拢平放在盒内备用。切忌立放，以防碰毛墙布边。

由于墙布无吸水膨胀的特点，故不需要预先用水湿润。除纯棉墙布应在其背面和基层同时刷胶粘剂外，玻璃纤维墙布和无纺墙布只需要在基层刷胶粘剂。胶粘剂应随用随配，当天用完。锦缎柔软易变形，裱糊时可先在其背面衬糊一层宣纸，使其挺括。胶粘剂宜用108胶。

6.3.3 裱糊主要工序

墙布裱糊施工主要工序，见表6-13。

墙布裱糊施工主要工序　　表6-13

序号	工序名称	抹灰面、混凝土面	石膏板面	木料面
1	清扫基层、填补缝隙磨砂纸	+	+	+
2	接缝处糊条		+	+

续表

序号	工序名称	抹灰面、混凝土面	石膏板面	木料面
3	找补腻子、磨砂纸		+	+
4	满刮腻子、磨平	+		
5	涂刷涂料1遍			+
6	涂刷底胶1遍	+	+	
7	墙面划准线	+	+	+
8	基层涂刷胶粘剂	+	+	+
9	布上墙、裱糊	+	+	+
10	拼缝、搭接、对花	+	+	+
11	赶压胶粘剂、气泡	+	+	+
12	擦净挤出的胶液	+	+	+
13	清理修整	+	+	+

注：1. 表中“+”号表示应进行的工序。
2. 不同材料的基层相接处应糊条。
3. 混凝土表面和抹灰面必要时可增加满刮腻子的遍数。

6.3.4 玻璃纤维墙布裱糊施工操作

玻璃纤维墙布裱糊基本与纸基塑料壁纸的裱糊相同，但要注意以下几点。

1. 基层处理

按施工方案处理，达到平整、牢固、干燥、无粉尘、阴阳角垂直。

2. 封底

批刮好腻子的墙面，打磨平整后宜作封底处理；木质墙面的钉、金属面需刷防锈漆作封闭处理。

3. 定位、放线

墙面设置垂直控制线：一般用线锤在墙面挂线定位，用直尺和铅笔画出垂直控制线。

4. 基面滚刷专用胶

玻璃纤维贴墙布裱贴时，仅在基层表面涂刷胶粘剂，墙布背面不可涂胶。

玻璃纤维贴墙布盖底力差，如基层表面颜色较深时，可在胶粘剂中掺入适量的白色涂料（如乳胶漆类），以使完成后的裱糊面层色泽无明显差异。

玻璃纤维墙布，材性与纸基塑料壁纸不同，胶粘剂宜采用聚醋酸乙烯酯乳胶，以保证粘结强度；从画好垂直控制线的墙面开始，每次滚刷宽度一般在 1.1～1.2m（比壁布 1m 门幅略宽），要求滚刷均匀，用刮胶板轻轻刮过墙面，使胶在墙面分布更均匀，同时，刮去多余的胶；禁止将胶直接涂刷在壁布反面，以免影响铺贴质量。

5. 铺贴壁布

粘贴时沿墙面已画好垂直控制线的地方开始粘贴壁布，在上、下墙角处，留出 3cm 左右的裁减量；如需左、右（或上、下）裁减拼接，两张壁布重叠量在 5cm 左右，使重叠处花纹一致后才能裁减拼接；为了防止阴阳角处出现圆角、空鼓，铺贴时要将壁布裁开粘贴，使粘贴后的阴阳角方正、平直。

凡壁布粘贴后，随即用刮板自上而下、有规律地轻抹壁布表面，使壁布平整、不皱褶、不变形。同时，用毛巾擦净壁布表面多余的胶水。

6. 滚刷涂料

铺贴好的壁布必须待底胶干透后，才能滚刷涂料，涂料宜采用与壁布相配套的专用涂料；先滚刷底涂，底涂应掺 10%～15%的水稀释，有利于增加流动性和渗透壁布；待底涂干燥后，滚刷第一遍面层涂料；如需要，在第一遍面涂干燥后，再滚刷第二遍面涂。滚刷涂料要均匀，每个墙面每一遍滚刷应尽量一次完成，防止产生接痕。

7. 注意事项

玻璃纤维贴墙布裁切成段后，宜存放于箱内，以防止沾上污物和碰毛布边。

玻璃纤维不伸缩，对花时，切忌横拉斜扯，如硬拉即将使整幅墙布歪斜变形，甚至脱落。

裁成段的墙布应卷成卷横放，防止损伤、碰毛布边影响对花。

6.3.5 纯棉装饰墙布裱糊施工操作

（1）在布背和墙上均刷胶，胶的配合比为：108胶∶4%纤维素水溶液∶乳胶∶水＝1∶0.3∶0.1∶适量。墙上刷胶时根据布的宽窄，不可刷得过宽，刷一段糊一张。

（2）选好首张糊贴位置和垂直线即可开始裱糊。

（3）从第二张起，裱糊先上后下进行对缝对花，对缝必须严密不搭槎，对花端正不走样，对好后用板式鬃刷舒展压实。

（4）挤出的胶液用湿毛巾擦干净，多出的上、下边用刀割齐整。

（5）在裱糊墙布时，应在电门、插销处裁破布面露出设施。

（6）裱糊墙布时，阳角不允许对缝，更不允许搭槎，客厅、明柱正面不允许对缝；门、窗口面上不允许加压布条。

（7）其他与壁纸基本相同。

6.3.6 化纤装饰墙布裱糊施工操作

（1）按墙面垂直高度设计用料，并加长5～10cm，以备竣工切齐。裁布时应按图案对花裁取，卷成小卷横放盒内备用。

（2）应选室内面积最大的墙面，以整幅墙布开始裱糊粘贴，自墙角起在第一、二块墙布间吊垂直线，并用铅笔做好记号，以后第三、四、……与第二块布保持垂直对花，必须准确。

（3）将墙布专用胶水均匀地刷在墙上，不要满刷及防止干涸，也不要刷到已贴好的墙布上去。

（4）先贴距墙角的第二块布，墙布要伸出挂镜线5～10cm，然后沿垂直线记号自上而下放贴布卷，一面用湿毛巾将墙布由中间向四周抹平。与第二块布严格对花、保持垂直，继续粘贴。

（5）凡遇墙角处相邻的墙布可以在拐角处重叠，其重叠宽度约 2cm 左右，并要求对花。

（6）遇电灯开关应将面板除去，在墙布上画对角线，剪去多余部分，然后盖上面板使墙面完整。

（7）用小刀片将上下端多余部分裁除干净，并用湿布抹平。

（8）其他与壁纸基本相同。

6.3.7 无纺墙布裱糊施工操作

（1）粘贴墙布时，先用排笔将配好的胶粘剂刷在墙上，涂时必须涂刷均匀，稀稠适度。比墙布稍宽 2～3cm。

（2）将卷好的墙布自上而下粘贴，粘贴时，除上边应留出 50mm 左右的空隙外，布上花纹图案应严格对好，不得错位，并需用干净软布将墙布抹平填实，用刀片裁去多余部分。

（3）其他与壁纸基本相同。

6.3.8 绸缎墙面粘贴施工操作

1. 材料配制

（1）胶油腻子调配：胶油腻子是由油基清漆、108 胶、石膏粉和大白粉调配而成。可用于抹灰砂浆墙面、水泥砂浆墙面、木质墙面和石膏板等表面作为粘贴绸缎墙面的腻子涂层。

（2）清油调配：清油是由油基清漆和 200 号溶剂汽油配成。其配合比为 1∶(1～1.2)。如用熟桐油调配，熟桐油与 200 号溶剂汽油为 1∶2.5。不论油基清漆调配或熟桐油调配，两者应混合均匀才可使用。

（3）胶粘剂调配。在 108 胶中掺加 10%～20%聚醋酸乙烯溶液，胶粘剂黏度大时可掺加 5%～10%的清水稀释。

（4）浆糊制作：浆糊是用于绸缎背面作拍浆之用，也可作粘贴绸缎的胶粘剂，但面粉浆糊使用多日可能产生霉菌。其配合比为：面粉∶水∶明矾＝1∶4∶0.1。

将面粉放入烧锅内，加适量水和明矾调成糊状（不得有面疙瘩），再将规定重量的水倒入调和，然后加温，边烧边搅拌，不使其沉淀烧焦，当加温至锅内起泡时，说明面粉已胀开烧熟，即成为稀稠适中的浆糊，待冷却过筛后使用。

2. 绸缎加工

（1）缩水上浆：绸缎也有一定的缩胀率，其幅宽方向收缩率在0.5%～1%左右，幅长收缩率在1%左右，故必须通过缩水。将绸缎浸于清水中，取出后晾干，待尚未干透时，取下随即上浆，调制好的浆糊用刮板涂刮于背面。刮浆要刮透刮匀，不可遗漏。

（2）熨烫：刮浆后，用一块湿布覆盖其上，然后用500W电熨斗进行烫干、烫平。熨烫是加工的关键，影响粘贴的操作和质量。熨烫后，要达到纵横边口平直，整个绸缎面硬扎、平伏、挺括。

（3）开幅：首先要计算绸缎每幅的长度尺寸，如绸缎的花纹图案零乱不规则时，粘贴时可不对花，开幅时能节约用料，每幅放出2%～3%；如需对花的绸缎，花纹图案又大时，开幅裁剪，必须放长一朵花型或一个图案，然后计算出被贴墙面的用幅数量。

（4）裁边：绸缎的两侧边，都有一条5mm左右的无花纹图案边条，为了对齐花纹图案，在烫熨之后，以钢直尺压住边条，用美工刀沿着钢直尺边口将边条划去，或者用剪刀细心剪去，然后按幅放妥待用。

3. 施工要点

（1）墙面基层处理：墙面基层必须干燥、洁净、平整。先用稀薄的清油满刷一遍，洞缝处要刷足，且不流挂。待清油干后，用胶油腻子（加适量石膏粉）将洞缝填补。待胶油腻子干后，再用胶油腻子大面积批刮一遍，使墙面基本达到平整。

待头遍腻子干后，用砂纸粗打一遍，再批刮二道腻子，做到收净刮清。腻子嵌批完后，用砂纸磨光滑，除光后先刷清油一道。如墙面色泽不一，可改用色油。

（2）绸缎粘贴前，首先要挂垂线找出贴第一幅位置。一般从房间的内角一侧开始。在第一幅的边缘处，用线坠挂好垂直线，用与绸缎同色的色笔画出垂直线，以作为标志。然后用粉线袋弹出距地面 1.3m 处的水平线。使水平线与垂直线相互垂直。水平线应在四周墙面弹通，使绸缎粘贴时，其花形与线对齐，花形图案达到横平竖直的效果。

（3）向墙面刷胶粘剂：胶粘剂可以采用滚涂或刷涂。胶粘剂涂刷面积不宜太大，应刷一幅宽度，粘一幅。同时，在绸缎的背面刷一层薄薄的水胶（水：108 胶＝8：2），要刷匀，不漏刷。刷胶水后的绸缎应静置 5～10min 后上墙粘贴。

（4）绸缎粘贴上墙：第一幅应从不明显的阴角开始，从左到右，按垂线上下对齐，粘贴平整；贴第二幅时，花形对齐。上下多余部分，随即用美工刀划去。如此粘贴完毕。贴最后一幅，也要贴阴角处，凡花形图案无法对齐时，可采用取两幅叠起裁划方法，然后将多余部分去掉，再在墙上和绸缎背面局部刷胶，使两边拼合贴密。

（5）绸缎粘贴完，应进行全面检查，如有翘边用白胶补好，有鼓胶（即气泡）应赶出，有空鼓（脱胶）用针筒灌注，并压实严密；有皱纹要刮平；有离缝应重做处理；有胶迹用洁净湿毛巾擦净，如普通有胶迹时，应满擦一遍。

6.4 装饰贴膜粘贴施工操作

6.4.1 装饰贴膜基材处理

装饰贴膜适用基材种类，见表 6-14。粘贴装饰贴膜不同基材面层处理工艺，见表 6-15。

装饰贴膜适用基材种类 **表 6-14**

基材材质	基材种类	适用性	备注
木材	胶合板	+	
	刨花板	+	
	高密度板	+	
	未经涂装的原木板材	−	鼓胀起泡
板材	石膏板	+	
	硅酸钙板	+	
砂浆	砂浆	+	
	混凝土墙	−	表面过于粗糙
石材	大理石	−	表面黏性弱
	人造石	+	
金属	烤漆钢板	+	
	防腐蚀涂装钢板	+	
	镀锌板	+	
	铝板	+	
	不锈钢板	+	
	铜、铜合金	−	表面黏性弱
	铅合金、马口铁	−	表面黏性弱

注：表中“+”为适用；“−”为不适用。

粘贴装饰贴膜不同基材面层处理 **表 6-15**

处理工艺	基材面层				
	密度板、胶合板	石膏板、硅酸钙板、石棉板	PVC 涂装钢板	水泥砂浆	烤漆铜板铝板、不锈钢板
预处理	去除钉头或使其低于板材表面			灰刀铲平，干燥表面	去除表面灰尘
使用涂料	无需使用或使用木工白胶、聚氨酯类涂料、硝基涂料	木工白胶或聚氨酯类涂料	无需使用	硝基涂料、乙烯基涂料、乳胶漆	无需使用

续表

<table>
<tr><td rowspan="2">处理工艺</td><td colspan="5">基材面层</td></tr>
<tr><td>密度板、胶合板</td><td>石膏板、硅酸钙板、石棉板</td><td>PVC涂装钢板</td><td>水泥砂浆</td><td>烤漆铜板铝板、不锈钢板</td></tr>
<tr><td>腻子补平</td><td colspan="2">石膏粉、乳胶腻子等补平粗糙表面、接缝、钉孔等</td><td>腻子</td><td>石膏粉、乳胶腻子等补平粗糙墙体</td><td>腻子</td></tr>
<tr><td>抛光砂平</td><td colspan="4">100号～180号砂纸</td><td>砂轮磨平焊缝等，100号～180号砂纸抛光</td></tr>
<tr><td>表面清洁</td><td colspan="5">酒精</td></tr>
<tr><td rowspan="2">使用底涂剂</td><td>溶剂型底涂剂</td><td>水性或溶剂型底涂剂</td><td colspan="3">溶剂型底涂剂</td></tr>
<tr><td colspan="4">整面涂布</td><td>仅在边缘涂布</td></tr>
</table>

注：底层涂料是两液型，用1∶1混合使用，底层涂料在低温时也有良好的接着力。冬季或初期接着力不良时，用合成橡胶接着剂稀释2～3倍使用。

6.4.2 装饰贴膜粘贴施工操作

1. 平面的基本粘贴

（1）量尺寸、裁剪：首先必须正确测量出粘贴部分面积，再将测量后面积，预留40～50mm后裁剪下来，裁剪作业必须在平滑的作业板上进行。

（2）确定位置：将装饰贴膜放在粘贴的基材上，确定粘贴位置，位置决定后，不可稍有移动。特别是粘贴面积大时，必须是衬纸由顶端撕下50～100mm后往后折，拇指则由上轻压装饰贴膜，使其与基层板紧密贴合。

（3）粘贴：沿着往后折的衬纸顶端，开始由下而上，用刮板加压装饰贴膜，使其与基层板紧密贴合，加压时必须由中央部分开始，再向两旁刮平。

顺势将衬纸撕下200～300mm，在装饰贴膜轻轻向下张开之际，由上至下加压粘贴，此时，不必刻意将衬纸往后折，可利用其撕下后产生弹力，避免造成胶的粘贴前与基材有沾粘的现象发生，以利作业顺利进行。整体再一次加压，特别是顶端部分必须加压。

（4）气泡处理：若在作业过程中产生较大气泡，则必须撕下有气泡部分重新再粘贴，并以刮板加压结合。小气泡则用图钉刺破，再用刮板将气泡或胶液挤出、再刮平。

（5）完成：将最后多余的部分裁下，完成粘贴。

2. 阳角的粘贴

（1）基本处理：在阳角地方粘贴装饰贴膜时，为了加强接着力，在阳角约50mm的地方涂上底层胶粘剂，见图6-19中1。

（2）量尺寸、裁剪和确定位置按平面基本粘贴程序中的（1）、（2）进行。

（3）粘贴：首先，从阳角部分面积较广的地方开始贴起，见图6-19中2。贴阳角时，应一边轻轻拉开装饰贴膜，一边加压粘贴，不要产生气泡或太松，见图6-19中3。其他地方轻轻向上提，一边拉开，一边加压粘贴，见图6-19中4。

全部再用力按压一次，特别是角落和边缘的地方要仔细的加压使其粘贴。

（4）气泡的处理与完成：按平面基本粘贴程序中的（4）、（5）进行。

3. 阴角的粘贴

（1）基本处理、量尺寸、裁剪和确定位置同阳角做法。

（2）衬纸的裁剪：事先将阴角的衬纸割开，见图6-19中5。

（3）粘贴：先贴阴角面积大的部分，而面积小的部分，衬纸先不要撕下来，见图6-19中6。

贴阴角时，一边注意不要产生气泡或贴太松，用刮板沿着阴角向内刮，加压粘贴。要小心不要把装饰贴膜碰破，见图6-19

中 7。

衬纸每撕开 200～300mm。一边轻轻地拉开装饰贴膜，一边粘贴，见图 6-19 中 8。

全部再用力压一次，特别是边缘和角落的地方要特别仔细。

（4）气泡的处理和完成：按平面基本粘贴程序中的（4）、（5）进行。

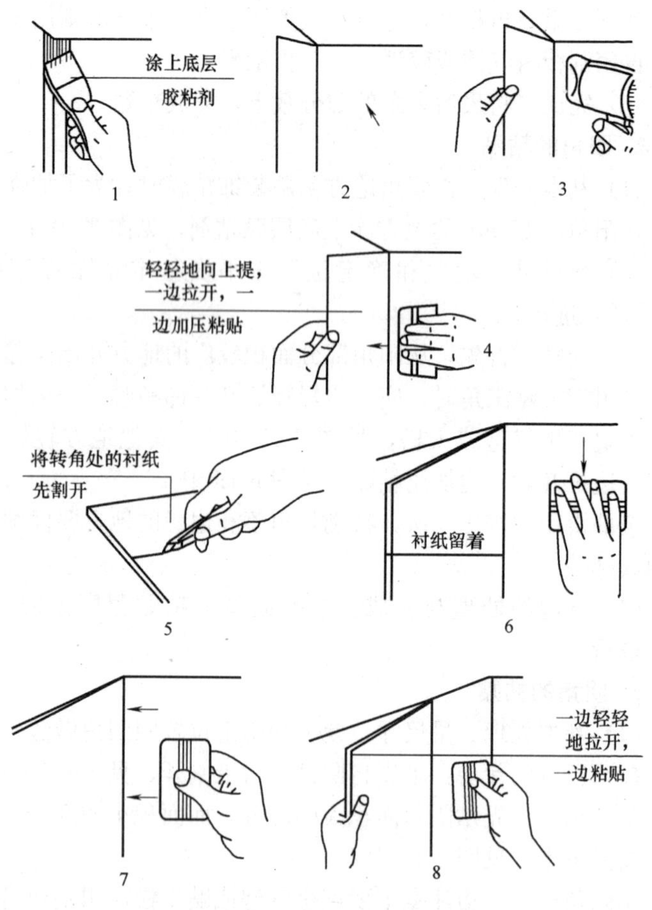

图 6-19　阳角、阴角的基本粘贴程序

4. 装饰贴膜的清洁

使用工业商用合成洗涤剂，不使用有机溶剂、强酸性（pH<3）或强碱性（pH>11）清洁剂。

应使用软布或清洁的海绵进行清洁，不要使用含研磨材料的海绵或清洁布。用水洗净所有残留的清洁剂。

7 软包施工操作

软包工程是建筑中精装修工程的一种，采用装饰布和海绵把室内墙面包起来，有较好的吸声和隔声效果，且颜色多样，装饰效果好。

按软包面层材料的不同可以分为平绒织物软包、锦缎织物软包、毡类织物软包、皮革及人造革软包、毛面软包、麻面软包、丝类挂毯软包等。按装饰功能的不同可以分为装饰软包、吸声软包、防撞包等。

7.1 软包施工常用材料及工具

7.1.1 常用材料

软包施工常用材料，见表 7-1。

软包施工常用材料　　表 7-1

序号	种类	材料	作用
1	龙骨	木龙骨、轻钢龙骨	基层龙骨制作、找平
2	基层板	胶合板或密度板(厚度一般为 9mm、12mm、15mm 等)	铺贴于龙骨上，作为固定软包的基层板材
3	底板及边框	胶合板、松木条、密度板	用于裱贴海绵等填充材料的底板及边框
4	内衬材料	海绵及环保、阻燃型泡沫塑料	软包的填充层，固定于底板与边框中间
5	面料	织物、皮革	软包的饰面包裹层
6	木贴脸	各种木质面板、条(或密度板、条)	用于软包收边的木饰面装饰条

7.1.2 主要机具

主要机具包括：气泵、气钉枪、蚊钉枪、曲线锯、手枪钻、织物剪裁工作台、长卷尺、盒尺、钢板直尺、方角尺、小辊、开刀、毛刷、排笔、擦布或棉丝、砂纸、锤子、弹线用的粉线包、墨斗、小白线、托线板、红铅笔、剪刀、电剪、电熨斗、划粉饼、缝纫机、工具袋、水准仪、经纬仪等。

7.2 软包施工操作

7.2.1 基层处理

（1）在需做软包的墙面上按设计要求的纵横龙骨间距进行弹线，设计无要求时，间距一般控制在400～600mm之间。再按弹好的线用电锤打孔，孔间距小于200mm、孔径大于ϕ12mm、深不小于70mm，然后将经过防腐处理的木砖打入孔内。

（2）墙面为抹灰基层或临近房间较潮湿时，做完木砖后必须对墙面进行防潮处理，一般在砌体上先抹20mm厚1∶3水泥砂浆。然后刷底子油做一毡二油防潮层。

（3）软包门扇的基层面底油涂刷不得少于两道，拉手及门锁应后装。

7.2.2 基层测量放线

根据设计图纸要求，把该房间需要软包墙面的装饰尺寸、造型等通过吊直、套方、找规矩、弹线等工序，把实际设计的尺寸与造型放样到墙面基层上。

7.2.3 龙骨、基层板安装

在做软包墙面装饰的房间基层（砖墙或混凝土墙），应先安装龙骨，龙骨可用木龙骨或轻钢龙骨。所有木龙骨及木板材应刷防火涂料，并符合消防要求。

（1）在事先预埋的木砖上用木螺钉安装木龙骨，木螺钉长度应为龙骨高度＋40mm。木龙骨必须先做防腐处理，然后再将表面做防火处理。安装龙骨时，必须边安装边用不小于2m的靠尺进行调平，龙骨与墙面的间隙，用经防腐处理过的木楔塞实，木楔间隔应不大于200mm，安装完的龙骨表面不平整度在2m范围内应小于2mm。龙骨安装，如图7-1所示。

（2）在木龙骨上铺钉基层板，基层板在设计无要求时宜采用环保细木工板或环保九厘板，铺钉用钉的长度应为基层板厚＋20mm。墙面为轻钢龙骨石膏板或轻钢龙骨玻镁板时，可以不安装木龙骨，直接将底板钉粘在墙面上，铺钉用自攻钉，自攻钉长度为底板厚＋石膏板或玻镁板厚＋10mm，自攻钉必须固定到墙体的轻钢龙骨上。

（3）门扇软包不需做基层板，直接进行下道工序。

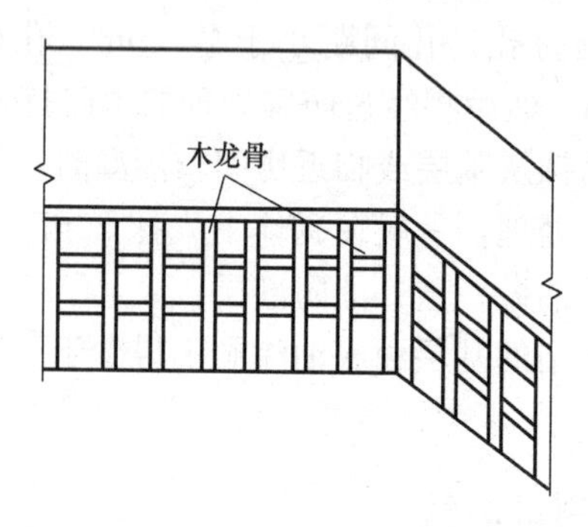

图7-1　木龙骨的安装

7.2.4　整体定位、弹线

根据设计要求的装饰分格、造型等尺寸在安装好的底板上进行吊直、套方、找规矩、弹控制线等工作，把图纸尺寸与实际尺寸相结合后，将设计分格与造型按1：1比例反映到墙、柱面的底板或门扇上。

7.2.5　内衬及预制镶嵌块施工

1. 预制镶嵌软包

(1) 要根据弹好的控制线，进行衬板制作和内衬材料粘贴。衬板按设计要求选材，设计无要求时，应采用 5mm 的环保型多层板，按弹好的分格线尺寸进行下料制作。

(2) 硬边拼缝的衬板如边缘有斜边或其他造型要求时，则在衬板边缘安装相应形状的木边框，如图 7-2 所示。木边框的木条规格、倒角形式按设计要求确定，设计无要求时，木边框规格一般不小于 10mm×10mm，倒角不小于 5mm×5mm 圆角或斜角，木条要进行封油处理防止原木吐色污染布料，木条厚度还应根据内衬材料厚度决定。软边拼缝的衬板按尺寸裁好即可。

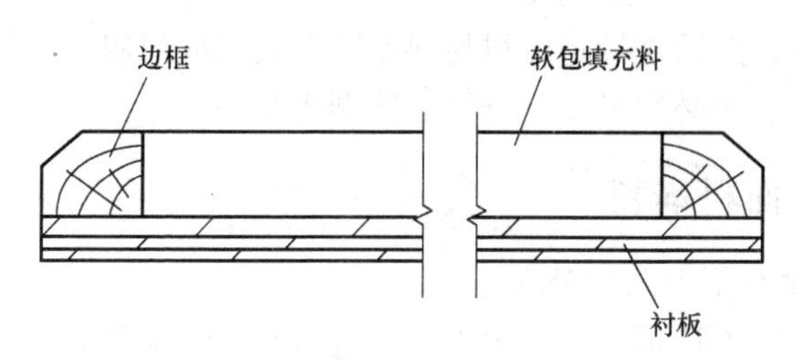

图 7-2　木边框节点图

(3) 衬板做好后应先上墙试装，以确定其尺寸是否正确，分缝是否通直、不错台，木条高度是否一致、平顺，然后取下来在衬板背面编号，并标注安装方向，在正面粘贴内衬材料。

(4) 硬边拼缝的衬板内衬填充料的材质、厚度按设计要求选用，设计无要求时，材质必须是阻燃环保型，厚度应大于 10mm，硬边拼缝的内衬填充料要按照衬板上所钉木条内侧的实际净尺寸剪裁下料，四周与木条之间必须吻合、无缝隙，高度宜高出木条 1～2mm，用环保型胶粘剂平整地粘贴在衬板上，如图 7-3 所示。

(5) 软边拼缝的内衬材料按衬板尺寸剪裁下料，四周剪裁、

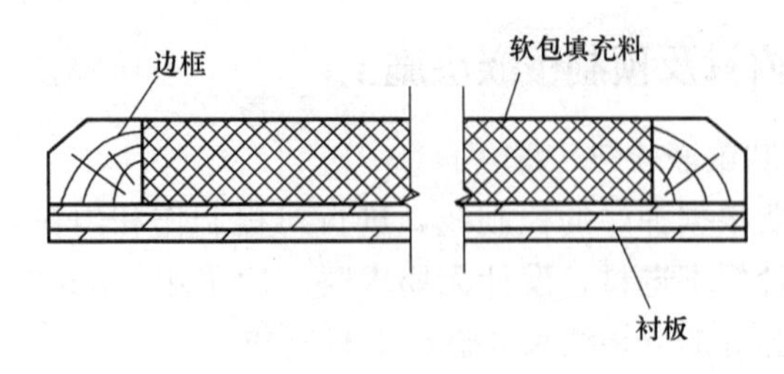

图 7-3　木边框内填充料

粘贴必须整齐，与衬板边平齐，最后用环保型胶粘剂平整地粘贴在衬板上。

2. 直接铺贴和门扇软包

直接铺贴和门扇软包应待墙面细木装修和边框完成，油漆作业基本完成，基本达到交活条件，再按弹好的线对内衬材料进行剪裁下料，然后直接将内衬材料粘贴在底板或门扇上。铺贴好的内衬材料表面必须平整，分缝必须顺直整齐。

7.2.6　面料铺装

1. 面料下料及预处理

织物和人造革一般情况下不宜进行拼接，采购订货时要充分考虑设计分格、造型等对幅宽的要求。

而皮革由于受幅面影响，使用前必须进行拼接下料，拼接时各块的几何尺寸不宜过小，并必须使各块皮革的鬃眼方向保持一致，接缝形式应符合设计和规范要求。

用于蒙面的织物、人造革的花色、纹理、质地必须符合设计要求，同一场所必须使用同一匹面料。面料在蒙铺之前必须确定正、反面，面料的纹理及纹理方向，在正放情况下，织物面料的经纬线应垂直和水平。用于同一场所的所有面料，纹理方向必须一致，尤其是起绒面料，更应注意。织物面料要先进行拉伸熨烫，再进行蒙面上墙。

2. 面层的铺装方法

面层的铺装方法主要有整体铺装法和分块固定两种形式。此外尚有成卷铺装法、压条法、平铺泡钉压角法等。

整体铺装法：用钉将填塞了软包材料的人造革（皮革）包固定在墙筋位置上，用电化铝帽头钉按分格尺寸进行固定。也可采用不锈钢、铜和木条进行压条分格固定。

分块固定法：将皮革或人造革与夹板按设计要求分格、划块后按划块的大小进行预裁，并固定在墙筋位置上。安装时以五夹板压住皮革或人造革面层，压边 20～30mm，用圆钉钉在墙筋位置上，然后将皮革或人造革与夹板之间填入填充材料进行包覆固定。

3. 预制镶嵌衬板蒙面及安装

（1）面料有花纹、图案时，应先包好一块作为基准，再按编号将与之相邻的衬板面料对准花纹后进行裁剪。

（2）面料裁剪根据衬板尺寸确定，织物面料剪裁好以后，要先进行拉伸熨烫，再蒙到已贴好的内衬材料的衬板上，从衬板的反面用 U 形气钉和胶粘剂进行固定。

（3）蒙面料时要先固定上下两边（即织物面料的经线方向），四角叠整规矩后，再固定另外两边。蒙好的衬板面料应绷紧、无折皱，纹理拉平拉直，各块衬板的面料绷紧度要一致。带边框软包节点，如图 7-4 所示。不带边框软包节点，如图 7-5 所示。

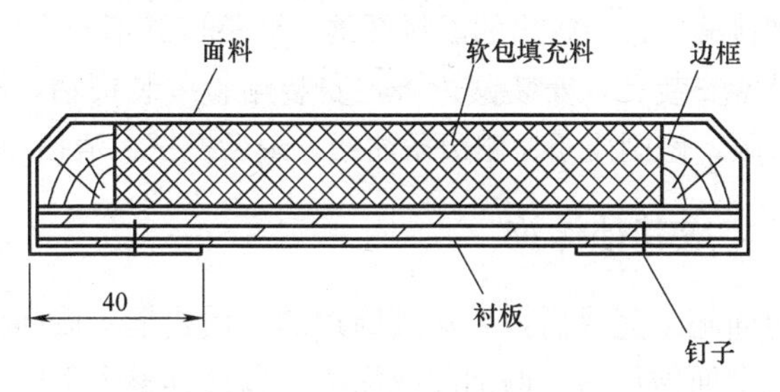

图 7-4　带边框软包节点图

（4）将包好面料的衬板逐块检查，确认合格后，按衬板的编号对号进行试安装，经试安装确认无误后，用钉粘结合的方法（即衬板背面刷胶，再用螺钉从布纹缝隙钉入，必须注意气钉不

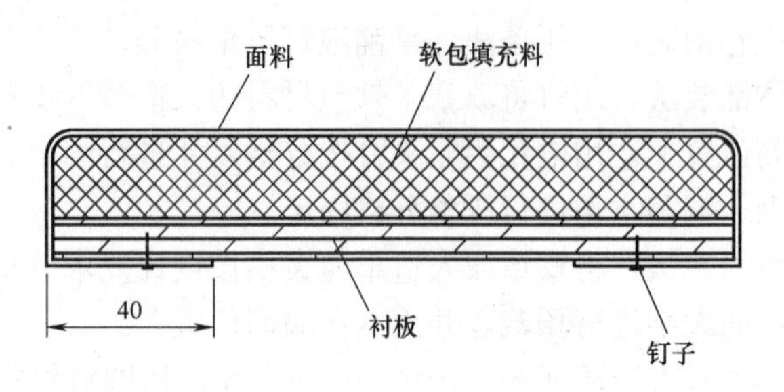

图 7-5　不带边框软包节点图

要打断织物纤维)，固定到墙面底板上。

4. 直接铺贴和门扇软包面层施工

按已弹好的分格线和设计造型，确定出面料分缝定位点，把面料按定位尺寸进行剪裁，剪裁时要注意相邻两块面料的花纹和图案必须吻合。将剪裁好的面料蒙铺到已贴好内衬材料的门扇或墙面上，把下端和两侧位置调整合适后，用压条先将上端固定好，然后固定下部和两侧。

四周固定后，若设计要求有压条或装饰钉时，按设计要求钉好压条，再用电化铝帽头钉或其他装饰钉梅花状进行固定。

7.2.7　理边、修整

清理接缝、边沿露出的面料纤维，调整接缝不顺直处。开设、修整各设备安装孔，安装镶边条，安装贴脸或装饰物，修补各压条上的钉眼，修刷压条、镶边条油漆，最后擦拭、清扫浮灰。

7.2.8　完成其他涂饰

软包面施工完成后，要对其周边的木质边框、墙面以及门扇的其他几个面做最后一遍油漆或涂饰，以使其整个室内装修效果完整、整洁。

7.2.9　应注意的质量问题

(1) 接缝不垂直、不水平：相邻两面料的接缝不垂直、不水平，或虽接缝垂直但花纹不吻合，或不垂直不水平等，是因为在铺贴第一块面料时，没有认真进行吊垂直和对花、拼花，因此在开始铺贴第一块面料时必须认真检查，发现问题及时纠正。特别是在预制镶嵌软包工艺施工时，各块预制衬板的制作、安装更要注意对花和拼花。

(2) 花纹图案不对称：有花纹图案的面料铺贴后，门窗两边或室内与柱子对称的两块面料的花纹图案不对称，是因为面料下料宽狭不一或纹路方向不对，造成花纹图案不对称。预防办法是通过做样板间，尽量多采取试拼的措施，找出花纹图案不对称问题的原因，进行解决。

(3) 离缝或亏料：相邻面料间的接缝不严密，露底称为离缝。面料的上口与挂镜线，下口与台度上口或踢脚线上口接缝不严密，露底称为亏料。离缝主要原因是面料铺贴产生歪斜，出现离缝。上下口亏料的主要原因是面料剪裁不方、下料过短或裁切不细、刀子不快等原因造成。

(4) 面层颜色、花形、深浅不一致。主要是因为使用的不是同一匹面料，同一场所面料铺贴的纹路方向不一致，解决办法为施工时认真进行挑选和核对。

(5) 周边缝宽窄不一致：主要原因是制作、安装镶嵌衬板过程中，施工人员不仔细，硬边衬板的木条倒角不一致，衬板裁割时边缘不直、不方正等。解决办法就是强化操作人员责任心，加强检查和验收工作。

(6) 压条、贴脸及镶边条宽窄不一、接槎不平、扒缝等：主要原因是选料不精，木条含水率过大或变形，制作不细，切割不认真，安装时钉子过稀等。解决办法是在施工时，坚决杜绝不是主料就不重视的错误观念，必须重视压条、贴脸及镶边条的材质以及制作、安装过程。

8 玻璃裁割加工及安装

8.1 常用玻璃材料及工具

8.1.1 常用玻璃材料

1. 常用玻璃

玻璃的品种和颜色应符合设计要求，质量应符合国家产品检验标准，并提供产品合格证，安全玻璃必须具有强制性认证标识且提供证书复印件，对进口安全玻璃应按照国内同类产品的强制性技术规范实施检验，并提供检验检疫证明。不合格的不得进口。与玻璃配套的相关材料，也应符合设计要求和国家产品质量标准。

各种玻璃应厚薄均匀，光滑平整，不得有气泡、水纹和裂痕。磨砂玻璃的磨砂面应粗细均匀，无伤痕、无漏磨；压花玻璃的压花面花纹图案应清晰、匀细、齐整；夹丝玻璃应网格均匀，夹丝应在玻璃厚度内居中；热反射玻璃的镀膜层应厚薄均匀，色泽一致。中空玻璃的内表面不得有妨碍透视的污迹及胶粘剂飞溅现象。

常用玻璃特点及用途，见表8-1。

常用玻璃的特点及用途　　表8-1

名称	特　点	用　途
平板玻璃	又称白片玻璃或净片玻璃，其可见光的反射率在7%左右，透光率在82%～90%之间	主要用于门窗

续表

名称	特　　点	用　　途
磨砂玻璃	又称毛玻璃，表面为均匀毛面，使光线透过柔和不刺眼	一般用于卫生间、浴室等处的门窗或隔断
钢化玻璃	又称强化玻璃，强度高，抗弯曲、耐冲击能力是普通平板玻璃的 3～5 倍；安全性能好，有均匀的内应力，破碎后呈网状裂纹，不会伤人，耐酸碱	用于建筑门窗、隔断、玻璃幕墙、船舶、车辆、家具装饰、橱窗、展台等
夹丝玻璃	又称防碎玻璃，防火性能好，高温燃烧时不炸裂、破碎时裂而不散	用于天窗、阳台窗、顶棚顶盖以及易受振动的门窗上
镀膜玻璃	也称热反射玻璃、贴膜玻璃，具有单向透明性，能调节室内温度，进而改善房屋的遮光和隔热性能	用于高级建筑的玻璃门窗、外立面、造型面
中空玻璃	由两片或多片平板玻璃构成，周边用框隔开，四周用胶粘结、焊接或熔接密封，中间充入干燥空气或其他惰性气体及干燥剂。 具有良好的保温、隔热、隔声性能	用于有防结露、防噪声等要求的高级建筑的门窗、玻璃幕墙、采光顶棚等
冰花玻璃	平板玻璃经特殊处理后，形成自然的冰花花纹，质感柔和。可有茶色、绿色、蓝色等颜色，透光不透明	用于门窗、屏风、隔断及灯具
压花玻璃	又称花纹玻璃或滚花玻璃，经过喷涂处理的压花玻璃有各种色彩，具有透光不透视的特点	多用于办公室、会议室、浴室、卫生间等场所的门、窗、隔断

2. 常用玻璃镶嵌填充材料

常用玻璃镶嵌填充材料特点及用途，见表 8-2。

常用玻璃镶嵌填充材料特点及用途　　表 8-2

名称	特　　点	用　　途
油灰	也称玻璃腻子，手感柔软、有拉力、不泛油、不粘手；但易粉化、断裂、松动的缺点	用于安装木门窗和钢门窗
橡胶密封条	品种规格很多，可根据需要选购；能防水、防风、防振、防尘、耐油、抗老化性，并能与框架、玻璃及密封胶等接触材料相容	用于木门窗、钢门窗、铝合金和塑钢门窗等

续表

名称	特　　点	用　　途
玻璃胶	安装玻璃用密封胶，简称玻璃胶。有氯丁密封胶、聚氨酯密封胶、硅酮密封胶等	普通的钢窗、铝合金窗的密封胶可选氯丁胶和聚氨酯胶。胶缝传力的全玻等要求较高的工程可用硅酮胶
聚乙烯发泡材料	有密封性、防水性和弹性	用于铝合金门窗、塑料门窗边框之间
橡胶支承块	有弹性和一定硬度	用于玻璃安装定位和防止玻璃受振动和温度影响而变形

8.1.2 常用玻璃工具

1. 常用玻璃加工工具

常用玻璃加工工具，见表 8-3。

常用玻璃加工工具　　表 8-3

序号	工具名称	图　　例	用　　途
1	金刚石割刀		2 号玻璃刀适于裁割 2～3mm 厚的玻璃； 3 号玻璃刀适于裁割 2～4mm 厚的玻璃 4 号玻璃刀适于裁割 3～6mm 厚的玻璃； 5 号、6 号玻璃刀适于裁割 4～8mm 厚的玻璃
2	轮式割刀		

续表

序号	工具名称	图例	用途
3	圆规刀	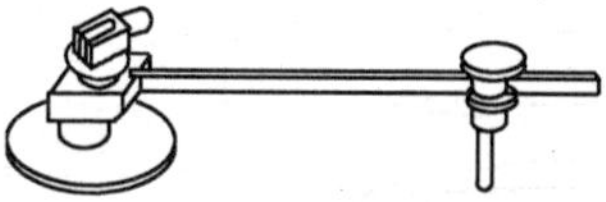	裁割圆形玻璃用
4	手动玻璃钻孔器	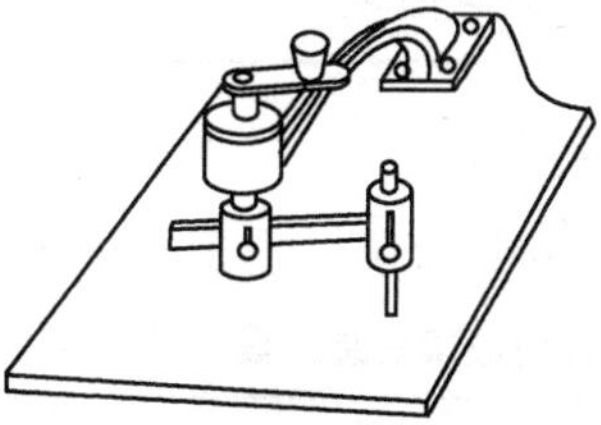	用于玻璃钻孔
5	电动玻璃开槽机	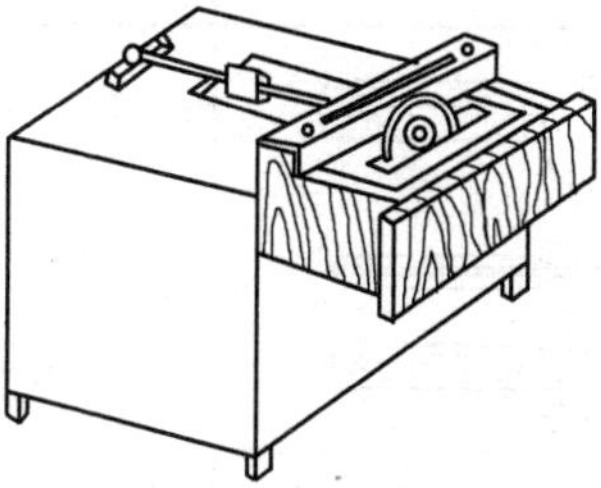	用于玻璃开槽
6	木直尺	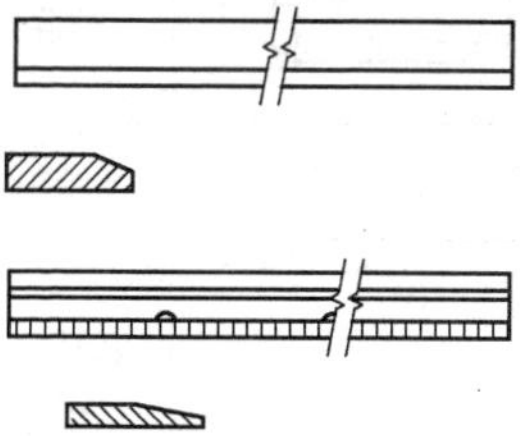	用作裁割玻璃时的靠尺
7	木折尺	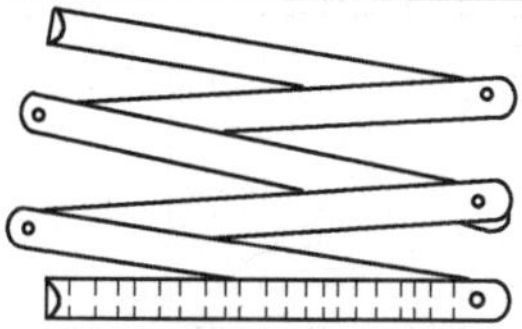	量取距离和材料尺寸
8	角尺	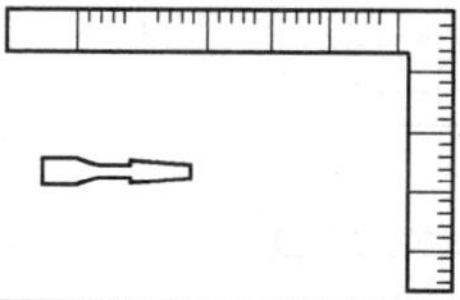	裁割玻璃时，找方正用

续表

序号	工具名称	图　　例	用　　途
9	钳子	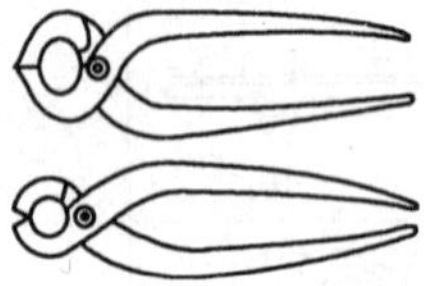	扳脱玻璃边口狭条

2. 常用玻璃安装工具

常用玻璃安装工具，见表 8-4。

常用玻璃安装工具　　表 8-4

序号	工具名称	图　　例	用　　途
1	腻子刀	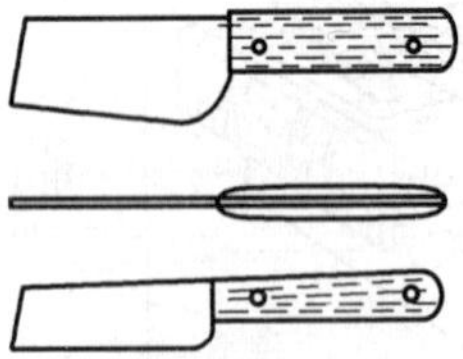	填塞油灰
2	挑腻子刀	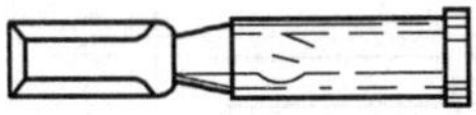	清除门窗槽中的干腻子
3	油灰锤	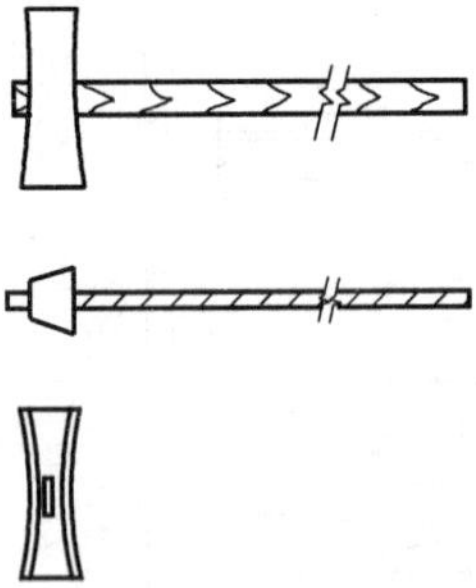	木门窗安玻璃时，敲入固定玻璃的三角钉
4	铁锤	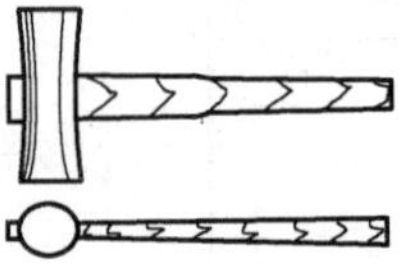	开玻璃箱

续表

序号	工具名称	图　　例	用　　途
5	装修施工锤	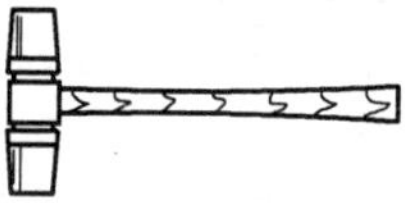 (锤头为塑料)	用于组装和分解门窗部件
6	嵌缝枪	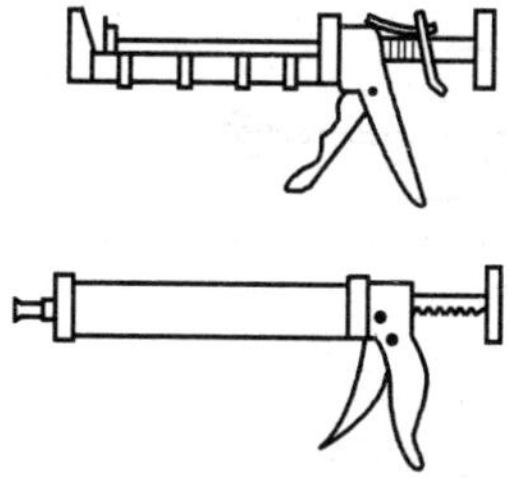	将嵌缝材料(玻璃胶)装入枪管中,用于玻璃嵌缝作业
7	嵌锁条器	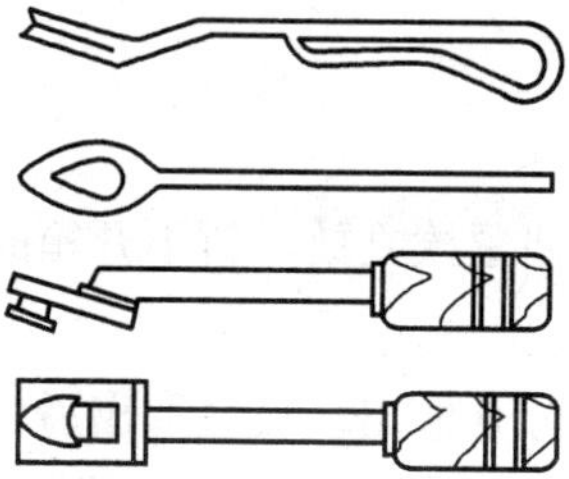	填塞橡胶嵌条入槽
8	剪钳	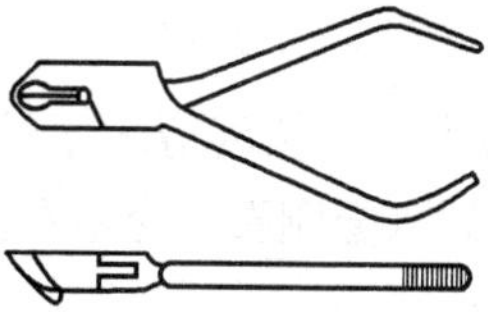	切断嵌条
9	嵌条滚子	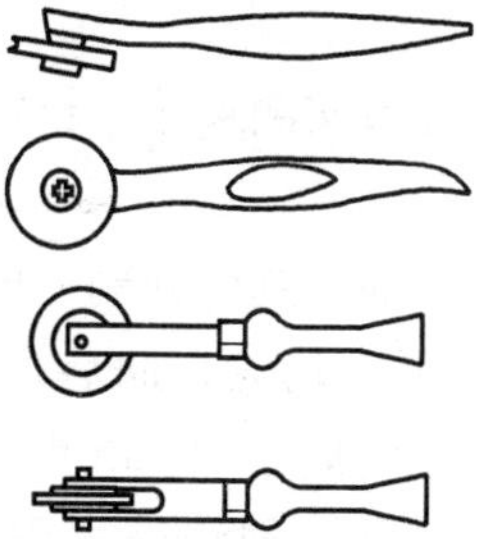	嵌入橡胶嵌条

续表

序号	工具名称	图例	用途
10	旋具		用于拧螺钉
11	吸盘		用于大型平板玻璃的安装就位

8.2 玻璃裁割操作

8.2.1 裁割准备

运进的原箱玻璃要靠墙紧挨立放，暂不开箱的要用板条互相搭好钉牢，以免动摇倾倒。

开箱取玻璃时应逐块分开取出。玻璃取出后，应擦净上面的灰尘污物，其表面如有白色斑点，可用棉花蘸酒精或煤油擦净，然后再进行裁割。

直尺的两边必须平直整齐，其长度应大于玻璃的长度。角尺应检查其本身是否方。玻璃刀（金刚石）应检查其刃口是否锋利。

8.2.2 裁割矩形玻璃

玻璃裁割规格按设计尺寸或实测尺寸，长宽各缩小一个裁口宽度的 1/4。

裁割玻璃，应在玻璃的光面上划线裁割。玻璃刀应紧贴直尺边缘，刀刃尖应对准划线，用力均匀，向后退划。划痕必须齐直，如发现中断处，应让开原划痕 1～2mm 重划。

裁割 5mm 以上玻璃时，宜在划线处先用毛笔刷上一道煤油，使油渗入划痕内，便于分开玻璃。裁割时应握稳刀头，用力要大一些，速度也要快一些，以防划痕弯曲。

8.2.3 裁割玻璃条

裁割玻璃条（宽度 8～12mm，水磨石地面嵌线用）时，如图 8-1 所示，可用 5mm×30mm 直尺，先把直尺的上端用钉子固定在台面上（不能钉死、钉实，要能转动和上下升降）。再在距直尺右边相当于玻璃条宽度加上 2～3mm 的间距处的台面上，钉两只小钉作为挡住玻璃用，另在贴近直尺下端的左边台面上钉一只小钉，作为靠直尺用。用玻璃刀紧靠直尺右边，裁割出所要求的玻璃条。取出玻璃条后，再把大块玻璃向前推到碰住钉子为止，靠好直尺又可继续进行裁割。

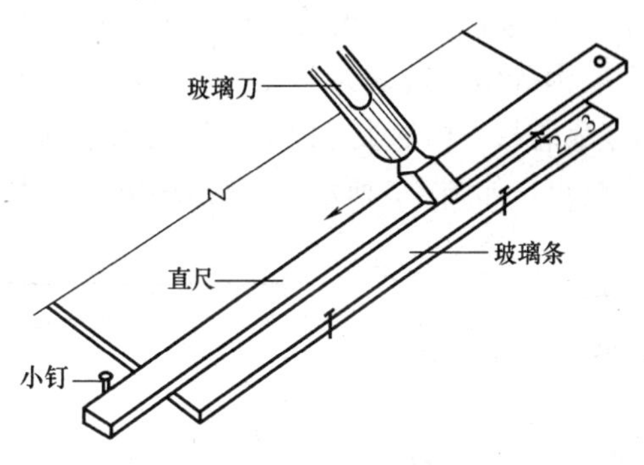

图 8-1 裁割玻璃条

8.2.4 裁割异形玻璃

裁割异形玻璃时，可根据设计要求将需要的异形图案用硬纸或薄胶合板制成样板或套板（样板或套板尺寸应考虑玻璃刀刃口的留量），然后用玻璃刀靠在样板或套板的边缘进行裁割。

在遇有阴角的异形图案时，可用手电钻配合，将直径 3mm 的超硬合金钻头，在图形的阴角处，用低转速钻孔，在起钻和快穿透时，更应细心，钻进速度应缓慢而均匀。钻时应用水或酒精冷却钻头。钻眼后，再用玻璃刀沿线裁割。

8.2.5 裁割弧形玻璃

裁割弧形玻璃应先做木样板（样板尺寸应考虑玻璃刀刃口的留量），用玻璃刀沿样板边缘划线。

裁割圆形玻璃可用半径或调节的专用圆规划线，然后用玻璃刀沿线裁割；裁割可采用以下两种方法：

圆规刀裁割法：根据设计圆形的大小，在玻璃上画好垂直线定出圆心，把圆规刀底座的小吸盘放在圆心中间，然后随圆弧裁划到终点，如图 8-2 所示。裁通后，从玻璃背面敲裂，把圆外部分先取下 1/4，再逐块取下。

玻璃刀裁割法：在玻璃圆心上粘贴胶布 5～6 层，用 10mm 厚、600mm 长、25mm 宽的杉木棒，将一枚大头针穿过杉木条的一端钉进胶布层内固定（玻璃刀与大头针的距离等于所裁圆的半径）。玻璃刀紧靠着杉木棒尽头，以大头针为固定圆心，握稳玻璃刀随圆弧划到终点，如图 8-3 所示。然后敲裂取下碎块玻璃。

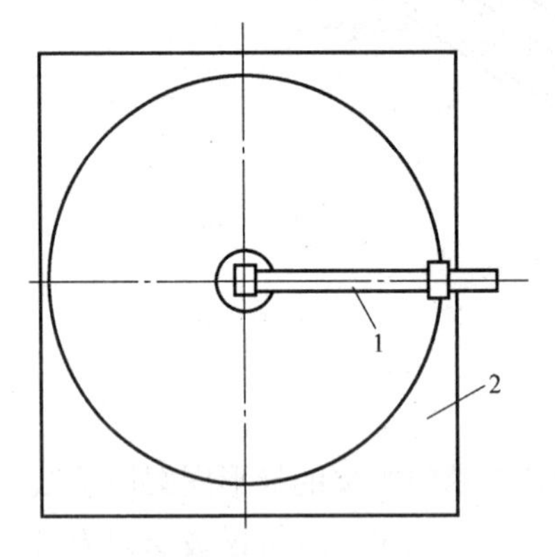

图 8-2 圆规刀裁割法

1—圆规刀；2—玻璃

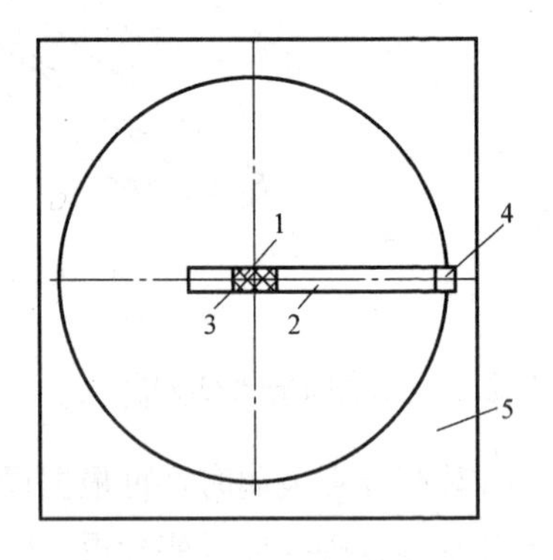

图 8-3 玻璃刀裁割法

1—玻璃圆心粘贴 5～6 层胶布；2—杉木棒；3—大头针穿过木条并钉进胶布层内固定；4—玻璃刀；5—玻璃

8.2.6 裁割后分开玻璃的方法

一般 2～3mm 玻璃，划线后将玻璃上的划痕移到工作台边，一手按住工作台边，一手按住台面上的玻璃，一手握住伸出的玻璃向下轻轻压折。

5mm 以上的厚玻璃，应先用玻璃刀头，向划痕一端轻敲震裂，然后移向台边向下压折，并将尖棱刮光；夹丝玻璃，应先将玻璃沿划痕在工作台边用力向下压折，使玻璃沿划痕裂开，再在裂缝内垫薄木片，然后将下垂的玻璃向上抬，使夹丝玻璃自断，再用钢丝钳将夹丝头压倒，并将裁口两边的尖棱刮光。

8.2.7 注意事项

（1）玻璃裁割前应仔细核对其尺寸，应根据各种玻璃的形状，适当缩小裁割尺寸，还要考虑玻璃刀裁口与靠尺的间隙（一般可按 2mm 预留），以便于安装。

（2）玻璃宜集中裁割，边缘不得有缺口和斜曲。

（3）两块玻璃之间有水而粘合时，用铲刀轻轻将一角先撬开，慢慢向里移动，便可全部撬开。

（4）裁割后分开玻璃时，应用小木槌在划痕的背面沿痕轻轻敲裂，直至完全分开。

（5）裁口边条太窄时，可在一头先敲出裂痕，再用钢丝钳垫软布扳脱。

（6）裁好的玻璃，应分类按规格靠墙斜立，下面应垫木块或草包。边条应集中整理堆放，以便利用。

8.3 玻璃加工操作

8.3.1 玻璃磨边、打槽

1. 玻璃磨边

其厚度一般在 5mm 以上。磨边后玻璃边角应圆浑、均匀、平直光滑，无凹坑，磨边处宜涂擦清色润滑油一遍。所有玻璃磨边必须由磨边机器完成，不得由手工进行操作。

2. 玻璃打槽

将玻璃平放在工作台上，划出槽的长宽尺寸墨线，将电动或手摇砂轮机固定在工作台架上，选用边缘厚度稍小于槽宽的细金刚砂轮机（转速不宜太快太猛），边磨边加水，直至达到需要的槽口深度。

8.3.2 玻璃钻孔

1. 直径较小的圆孔

可以用电动砂轮钻孔直接打眼。钻孔机有不同直径的刀头。确定圆心位置后，将钻孔机对准圆心转动钻孔，当钻孔深度超过玻璃厚度 1/2 时，应停转反面再钻，直至钻透为止。

2. 较大洞眼可划线开孔

先按玻璃开孔的尺寸做好套板（孔径尺寸应考虑玻璃刀刃口的留量），将套板对准玻璃开孔位置，用玻璃刀沿套板划线裁割，并从背面将其敲击裂开。洞眼较大时，可在圈内正反两面用玻璃刀划上几条相互交叉的直线，然后用玻璃刀头或小锤敲裂，使玻璃敲碎裂成小块后取下，最后形成所需的孔洞。孔边需磨光时，可用机械打磨。如是钢化玻璃必须在以上工序完成后再进行钢化。

8.3.3 玻璃刻蚀

用氢氟酸溶解需刻蚀的玻璃表面，而得到与光面不同的毛面花纹图案或字体，操作时多采用石蜡保护玻璃表面上不需要刻蚀的部分，操作过程中要戴上胶皮手套，并勿使氢氟酸溶液接触皮肤和眼睛。

1. 刻蚀准备

（1）涂石蜡：将玻璃表面清理干净，将石蜡加热熬至棕红色，用排笔蘸取热蜡液，在玻璃表面涂刷 3～4 遍，备用。

（2）配刻蚀液：用浓度为99%的氢氟酸∶蒸馏水=3∶1的配合比配好溶液，贴上标签，备用。

（3）做好所需的花纹、图案或字体的纸样。

2. 操作方法

（1）玻璃表面的石蜡晾干后，贴上纸样，用雕刻刀在其上刻出所需的图案，刻完毕后，将蜡粉刷掉，并用洗洁精将暴露的玻璃表面清洗干净。

（2）用干净毛笔蘸取配制好的氢氟酸溶液，均匀地刷在图案上面15～20min后，可见图案表面有一层白色粉状物，把白粉掸掉，再刷一遍，再掸掉白粉，如此反复，直至达到所要求的效果。刷氢氟酸的遍数越多，图案的花纹就越深。根据经验，夏季约需4h，春秋约需6h，冬季则需8h。

（3）待字体花纹全部刻蚀完成后，把石蜡全部刮除干净，并用洗洁精洗净玻璃表面。

8.4 门窗玻璃安装

8.4.1 玻璃装配尺寸

玻璃是脆性材料，不能与边框直接接触，玻璃安装尺寸的要求是保证玻璃在荷载作用下，在框架内不与边框直接接触，并保证玻璃能够适当的变形。玻璃公称厚度越大，最小安装尺寸越大，这是因为玻璃公称厚度越大，玻璃板面可能越大，因此其变形量就越大，玻璃在框架内需要的变形环境就越大。

平板玻璃、镀膜玻璃、着色玻璃、半钢化玻璃和钢化玻璃等单片玻璃、夹层玻璃和真空玻璃的最小装配尺寸应符合表8-5的规定。中空玻璃的最小安装尺寸应符合表8-6的规定（图8-4）。

其中前部余隙和后部余隙a是为了保证玻璃在水平荷载作用下玻璃不与边框直接接触，嵌入深度b为了保证玻璃在水平荷载作用下玻璃不脱框，边缘间隙c为了保证玻璃在环境温差作用下不与边框接触，同时也保证玻璃在一定量建筑主体结构变形条件下玻璃不被挤碎。

单片玻璃、夹层玻璃和真空玻璃的最小装配尺寸（mm）

表 8-5

玻璃公称厚度	前部余隙和后部余隙 a		嵌入深度 b	边缘间隙 c
	密封胶	胶条		
3～6	3.0	3.0	8.0	4.0
8～10	5.0	3.5	10.0	5.0
12～19		4.0	12.0	8.0

注：前部余隙——玻璃外侧表面与压条或凹槽前端竖直面之间的距离。
后部余隙——玻璃内侧表面与凹槽后端竖直面之间的距离。
边缘间隙——玻璃边缘与凹槽底面之间的距离。
嵌入深度——玻璃边缘到可见线之间的距离。

中空玻璃的最小安装尺寸（mm）　　表 8-6

玻璃公称厚度	前部余隙和后部余隙 a		嵌入深度 b	边缘间隙 c
	密封胶	胶条		
4+A+4	5.0	3.5	15.0	5.0
5+A+5				
6+A+6				
8+A+8	7.0	5.0	17.0	7.0
10+A+10				
12+A+12				

注：A 为气体层的厚度，其数值可取 6mm、9mm、12mm、15mm、16mm。

8.4.2 安装材料尺寸、位置及应用

1. 支承块尺寸

支承块不承受风荷载，只承受玻璃的重量，支承块的最小宽度应等于玻璃的厚度加上 $2a$（a 为玻璃前后余隙之和），保证玻璃下部支承完整。为了取得良好支承情况，支承块的长度可根据玻璃板面的大小和厚度适当增加长度，增加长度可减小玻璃边部

支承点的边部应力，增加支承块的承载能力。

支承块的尺寸的确定应符合下列规定：

（1）每块最小长度不得小于50mm。

（2）宽度应等于玻璃的公称厚度加上前部余隙和后部余隙。

（3）厚度应等于边缘间隙。

2. 定位块尺寸

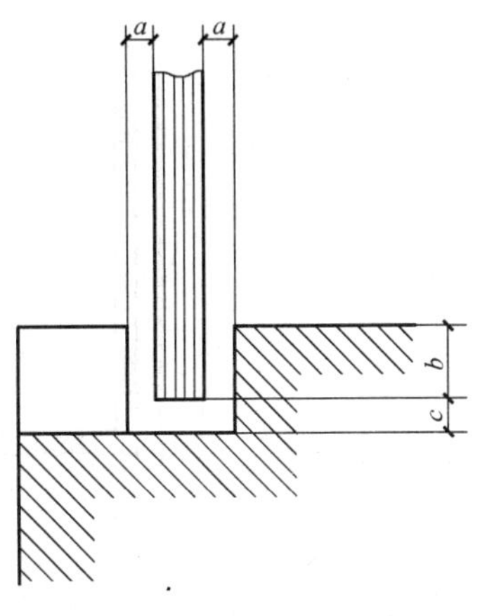

图8-4　玻璃安装尺寸

定位块用于玻璃的边缘与框架之间，防止玻璃在框架内的滑动，定位块一般不承受其他外力的荷载，所以其长度要求小于支承块，但其厚度和宽度要求均与支承块相同。

定位块的尺寸应符合下列规定：

(1) 长度不应小于25mm。

（2）宽度应等于玻璃的厚度加上前部余隙和后部余隙。

(3) 厚度应等于边缘间隙。

3. 支承块与定位块的位置

支承块不一定只位于玻璃的一条边缘，应根据具体情况，确定使用支承块的位置，如图8-5所示。例如，水平旋转窗，可开启角度在90°～180°之间的情况，玻璃的上、下两边均应布置支承块。

支承块与定位块的位置应符合下列规定：

（1）采用固定安装方式时，支承块和定位块的安装位置应距离槽角为（1/10）～（1/4）边长位置之间。

（2）采用可开启安装方式时，支承块和定位块的安装位置距槽角不应小于30mm。当安装在窗框架上的铰链位于槽角部30mm和距槽角1/4边长点之间时，支承块和定位块的安装位置应与铰链安装的位置一致。

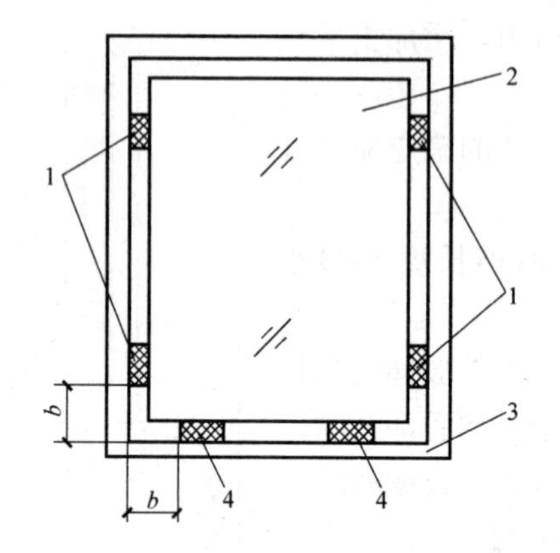

图 8-5　支承块和定位块安装位置

1—定位块；2—玻璃；3—框架；4—支承块

(3) 支承块、定位块不得堵塞泄水孔。

4. 弹性止动片的尺寸及位置

(1) 弹性止动片的尺寸应符合下列规定：

1) 长度不应小于 25mm。

2) 高度应比凹槽深度小 3mm。

3) 厚度应等于前部余隙或后部余隙。

(2) 弹性止动片位置应符合下列规定：

1) 弹性止动片应安装在玻璃相对的两侧，弹性止动片之间的间距不应大于 300mm。

2) 弹性止动片安装的位置不应与支承块和定位块的位置相同。

5. 密封胶的应用

(1) 对于多孔表面的框材，框材表面应涂底漆。当密封胶用于塑料门窗安装时，应确定其适用性和相容性。

(2) 用密封胶安装时，应使用支承块、定位块、弹性止动片。

(3) 密封胶上表面不应低于槽口，并应做成斜面；下表面应低于槽口 3mm。

6. 胶条材料的应用

（1）对于多孔表面的框材，框材表面应涂底漆。胶条材料用于塑料门窗时，应确定其适用性和相容性。

（2）胶条材料用于玻璃两侧与槽口内壁之间时，应使用支承块和定位块。

8.4.3 塑料门窗安装玻璃

（1）玻璃的层数、品种及规格应符合设计要求。单片镀膜玻璃的镀膜层及磨砂玻璃的磨砂层应朝向室内；镀膜中空玻璃的镀膜层应朝向中空气体层。

根据建设部推广和禁用项目技术公告的规定，塑料门窗使用双层以上（含双层）玻璃的必须使用中空玻璃。为了防止镀膜玻璃被雨水浸蚀、磨砂玻璃被污染，要求镀膜玻璃的镀膜层和磨砂玻璃的磨砂层应朝向室内。当使用 Low-E 中空玻璃时，对于以遮阳、隔热为主的南方，镀膜面宜放置在第二面（从室外侧算）；对于以保温为主的严寒地区，镀膜面宜放置在第三面。

（2）先将粘附在玻璃、塑料门窗框表面的尘土、油污等污染物和水膜擦除，并将玻璃槽口内的灰渣、异物清除干净，冲通排水孔。

（3）将裁好的玻璃对号插入框、扇的凹槽中间，内外两侧的间隙应不少于 2mm。

玻璃与型材槽口的配合尺寸应符合设计要求，安装前应将玻璃槽口内的杂物清理干净，玻璃的四边应留有间隙，门窗框架允许水平变形量应大于因楼层变形引起的框架变形量。

（4）入框的玻璃不得直接接触型材，应在玻璃四边垫上不同作用的垫块，中空玻璃的垫块宽度应与中空玻璃的厚度相匹配，不同作用的玻璃垫块在不同使用功能的门窗中起着承重、支撑、防止倾斜、防掉角等作用。为了保证门窗的使用功能，根据施工及使用经验，承重、定位垫块宜按图 8-6 所示位置安装。

竖框（扇）上的垫块，应用胶固定；为了防止竖框（扇）上

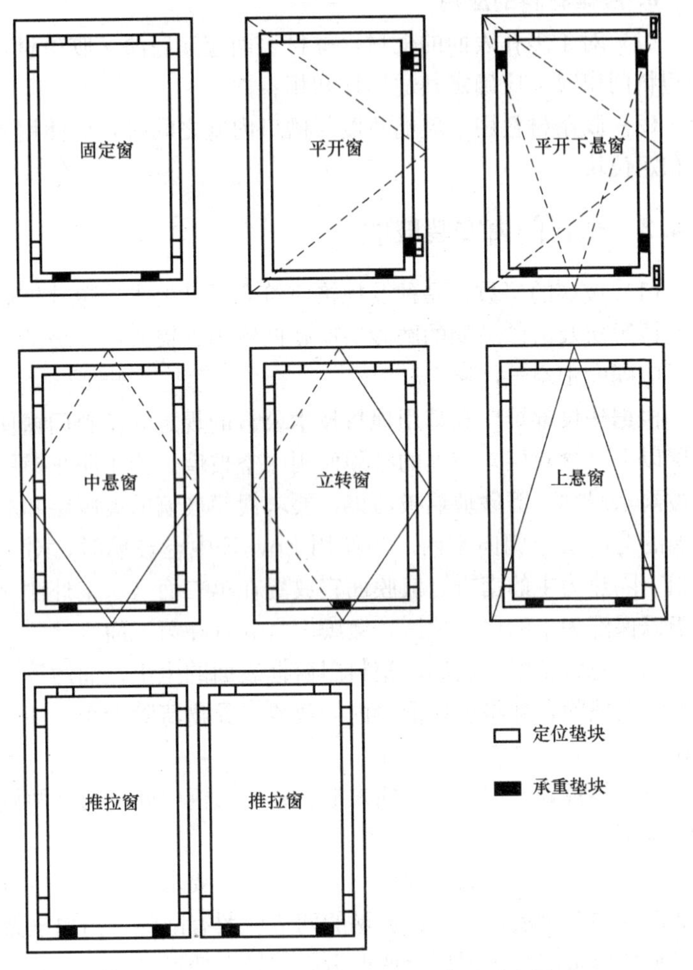

图 8-6　承重垫块和定位垫块位置示意图

的玻璃垫块脱落，垫块应用胶加以固定。

（5）玻璃装入框、扇后，应用玻璃压条将其固定，玻璃压条必须与玻璃全部贴紧，压条与型材的接缝处应无明显缝隙，压条角部对接缝隙应小于 1mm，不得在一边使用 2 根（含 2 根）以上压条，且压条应在室内侧。从防盗及更换玻璃等安全性考虑，玻璃压条应在室内一侧。

塑料窗玻璃安装步骤，如图 8-7 所示。

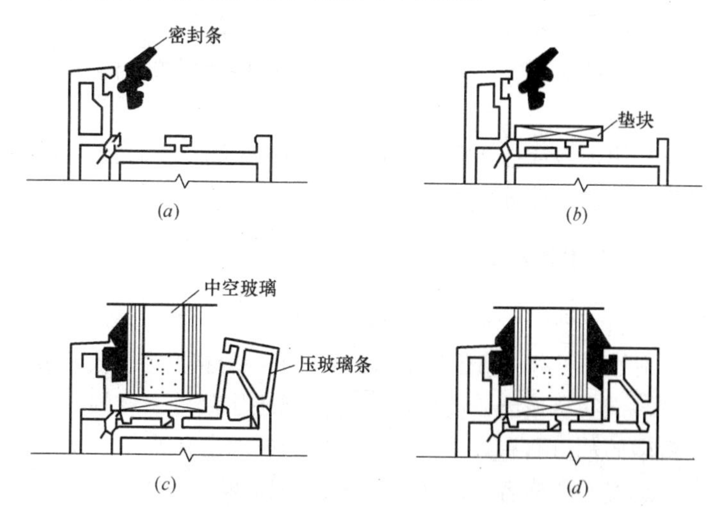

图 8-7 塑料窗玻璃安装示意

(a) 嵌入密封条；(b) 四周放垫块；

(c) 放入中空玻璃；(d) 卡入嵌入密封条的压玻璃条

(6) 密封条质量与安装质量直接影响窗的密封性能，当安装玻璃密封条时，由于密封条老化后易收缩、开裂，所以安装时应使密封条略长于玻璃压条，使其在压力的作用下嵌入型材，这样可以减少由于密封条收缩产生的气密、水密性能下降现象。

密封条与玻璃及玻璃槽口的接触应平整，不得卷边、脱槽，密封条断口接缝应粘接。

门窗开启部分扇、框密封胶条与密封毛条的安装应符合下列规定：

1) 密封胶条与密封毛条的断面形状及规格尺寸应与型材断面相匹配。

2) 密封胶条与密封毛条镶嵌后应平整、严密、牢固，不得有脱槽现象。

3）密封胶条与密封毛条单边宜整根嵌装，不应拼接，接口位置应避开雨水直接冲刷处。

4）密封胶条角部接口处应进行粘结处理。

（7）玻璃应平整，安装牢固，不得有松动现象，内外表面均应洁净。

（8）用棉纱或抹布擦净玻璃表面的污染物，关好门窗扇，以免风吹框扇碰撞震碎玻璃。

8.4.4 钢门窗安装玻璃

（1）将钢框、扇裁口内的灰尘、碎屑、杂物等污垢除干净。钢框、扇如有压弯、翘曲等变形，应经修整合格后方可安装玻璃。

（2）试安装玻璃，使玻璃每边都能压住裁口宽度的3/4，但每个窗扇的裁口略有大小，同一规格的玻璃也有差异，故应先试后安。试安不合格者应调换，直至合格为止。

（3）用油灰刀在裁口内打油灰底。抹灰应均匀，抹厚1～3mm，并将裁口内高低填平。5mm以上的大玻璃，应用橡皮条或毡条嵌垫，但嵌垫材料应略小于裁口，安好后不得明露。

（4）安上玻璃并挤压油灰使之紧贴，使四边有油灰挤出。玻璃安装时，先放下口，再推入上口。

（5）用钢丝卡卡入扇的边框小眼内固定。长卡头压住玻璃，但不得露出油灰外，每边不小于两个，间距不得大于300mm。

（6）在四边抹上油灰，并用油灰刀或扁铲切成三角斜面，四角成八字形。油灰表面要光滑，不得有中断、起泡、麻点、凹坑等疵病。油灰与玻璃的交线要平直，且与裁口线平行。使人在外看不见裁口，从里面看不见油灰。

（7）采用铁压条固定时，应先取下压条，安入玻璃后，原条原框用螺钉拧紧固定。

（8）采用玻璃橡胶压条粘贴施工时，先将钢框、扇粘贴面擦净，清除油污，再在钢框、扇上均匀涂刷一度胶粘剂，安上玻璃，然后将准备好的橡胶压条粘贴面刷上胶粘剂安上，10min后用手指均匀地按压压条，使压条贴合。压条的两个粘贴面必须平直，不能在任一粘贴面有凹凸和缺陷。

（9）擦净玻璃上的油灰印迹，关好框、扇，以免风吹震碎玻璃。

8.4.5 铝合金门窗安装玻璃

（1）除去附着玻璃、铝合金表面的尘土、油污等污染物及水膜，并将玻璃槽口内的灰浆渣、异物除干净、畅通排水孔，并复查框、扇开关的灵活度。

（2）凹槽垫橡胶垫：框、扇梢内，应干燥、洁净。然后将3mm厚的氯丁橡胶垫块垫入凹槽内，避免玻璃直接接触框、扇。

（3）玻璃就位：将已裁割好的玻璃四周磨钝，在铝合金框扇中进行就位。玻璃面积较小，可用双手夹住玻璃就位。如单块玻璃面积较大，应用手提吸盘吸住玻璃就位。就位的玻璃要摆在凹槽的中间，并应保持有足够的嵌入量。调整好玻璃的垂直水平度，使内外两侧间隙不少于2mm，也不大于5mm，避免玻璃直接接触框、扇，以防止因玻璃胀缩发生变形。

（4）固定玻璃：当采用橡胶条固定玻璃时，先将橡胶条在玻璃两侧挤紧，再在胶条上面注入硅酮系列密封胶。胶应均匀、连续地填满在周边内，不得漏胶。当采用橡胶块固定玻璃时，先用10mm左右的橡胶块，将玻璃挤住，再在其上面注入硅酮系列密封胶。安装边长的1/4处，不少于2块。

当采用橡胶压条固定玻璃时，先将橡胶压条嵌入玻璃两侧密封，然后将玻璃挤紧，上面不再注胶，选用橡胶压条时，规格要与槽的实际尺寸相符，其长度不得短于玻璃周缘长度。所嵌的胶条要和玻璃、玻璃槽口紧贴，不得松动；安装不得偏位，不应强行填入胶条，否则会造成玻璃严重翘曲。

玻璃采用密封胶密封时，注胶厚度不应小于3mm，粘接面应无灰尘、无油污、干燥，注胶应密实、不间断、表面光滑整洁。使用胶枪注胶时，要注的均匀、光滑，注入深度不小于 5mm。

（5）安装中空玻璃和玻璃面积大于 $0.65m^2$ 位于竖框中的玻璃时，应将玻璃搁置在两块相同的定位垫块上。搁置点离玻璃垂直边缘距离不少于玻璃宽度的 1/4，且不宜少于 150mm；位于扇中的玻璃，按开启方向确定定位垫块的位置。其定位垫块的宽度大于所支撑玻璃件的厚度，长度不小于 25mm。

定位垫块下面可设铝合金垫片。垫片和垫片均固定在框扇上，不得采用木质的定位垫块、隔片和垫片。

（6）安装迎风面的玻璃时，玻璃镶入框内后，要及时用通长镶嵌条在玻璃两侧挤紧或用垫片固定，防止遇有较大阵风时使玻璃破损。

（7）平开门窗的玻璃外侧，要采用玻璃胶填封，使玻璃与铝框连接成整体。胶面向外倾斜 30°～40°角。

（8）检查垫块、镶嵌条等设置的位置是否合适，防止出现排水通道受阻、泄水孔填塞现象。

（9）擦净玻璃表面污染物，关好框、扇，以防风吹震碎玻璃。

8.4.6　涂色镀锌钢板门窗安装玻璃

涂色镀锌钢板框、扇玻璃，一般已在工厂安装，不需在现场安装。但其安装方法与铝合金框、扇基本相同。

如在现场安装，应注意检查涂色镀锌钢板框、扇是否平直，有无翘曲等现象。如有缺陷，应及时整修好才能安装。

8.4.7　木门窗安装玻璃

木门窗玻璃安装，如图 8-8 所示。传统工艺采用木压条，但因其防风、密缝性能较差，操作较为简单，实践中应用不多；采用小钉定位，结合腻子和橡胶压条或毛毡条密封的安装操作与钢门窗玻璃安装基本相同。

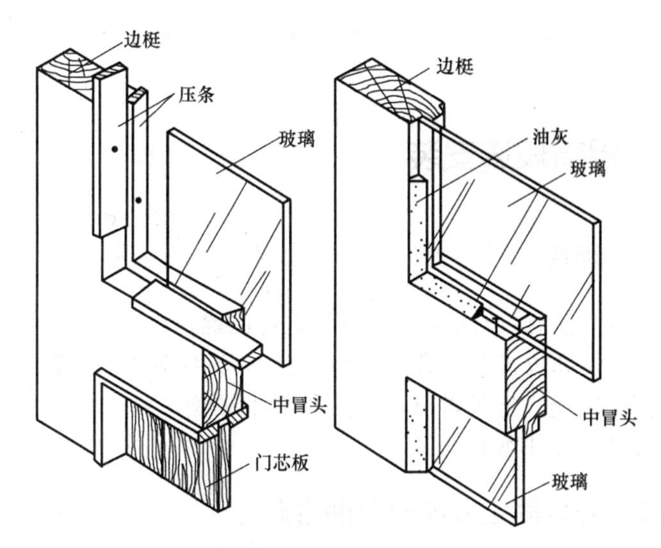

图 8-8　木门窗玻璃安装示意图

8.4.8　彩色、压花玻璃安装

彩色、压花玻璃安装工艺，基本同钢框、扇玻璃，但安装中应注意以下几点：

（1）按设计要求的图案进行裁割。

（2）玻璃拼缝上下左右图案要吻合，不能错位、斜曲和松动，以免影响美观。

（3）压花玻璃应将花纹朝向室外；磨砂玻璃的磨砂面朝向室内；天窗则光面向上；上开或下开的光亮面向上，便于清除积灰。

8.4.9　工业厂房斜天窗安装玻璃

工业厂房斜天窗安装玻璃安装工艺，基本同钢框、扇玻璃，但安装中应注意以下几点：

（1）工业厂房斜天窗设计无要求时，应用安全玻璃。

（2）操作中注意流水方向盖叠安装，斜天窗坡度一般为 1/4

或大于 1/4，盖叠长度不得少于 30mm，坡度为 1/4 以下时，不得少于 50mm。

8.5 橱窗玻璃安装

8.5.1 弹线

弹线时注意校对已做好的预埋铁件位置、数量是否符合设计结构要求，如位置不正确或数量不足时，则应划出其位置，采用金属膨胀螺栓固定铁件（根据设计要求来确定铁件位置尺寸），强度须满足设计要求。

8.5.2 安装固定玻璃的型钢边框

当预埋铁件位置不符合要求，则应确定要加后置铁件位置，再用膨胀螺栓固定牢固。然后将型钢（可用角钢和扁铁焊接）按已弹好的位置线安放好，要在检查无误后随即与预埋铁件焊牢，边口留有一边先将角钢焊接牢固，待玻璃安装完毕后再将扁铁和角钢焊牢来固定玻璃。型钢材料在安装前应刷好防腐涂料，焊好处应敲清焊渣再补刷防锈漆。

8.5.3 玻璃就位及调整

1. 玻璃就位

在边框安装好，先将其槽口清理干净，槽口内不得有垃圾或积水，并垫好承重垫块。用 2～3 个吸盘把玻璃吸牢，由 2～3 人手握吸盘同时抬起玻璃先将玻璃竖着插入上框槽口内，然后轻轻垂直落下，放入下框槽口内。

2. 调整玻璃位置

将玻璃先放置一边的槽口，然后依次安装中间部位的玻璃，到最后一块玻璃安装进入型钢槽口内，再将扁铁和角钢焊接牢固，然后用软木垫块垫实玻璃两边的和型钢之间的空隙，固定好玻璃，两块玻璃之间接缝时应留 5～8mm 的缝隙（如加玻璃肋必须采用不小于 12mm 厚的安全玻璃）。

8.5.4 收头嵌缝打胶装饰

玻璃全部就位，校正平整度、垂直度，一般橱窗安装完毕后的收头用金属板或石板，在金属板或石板安装好后，清理玻璃间隙内的杂物，两边填嵌泡沫条，且结合平直、紧密，然后打密封胶。

注胶时，一只手托住胶枪，另一只手均匀用手握挤，将密封胶均匀注入缝隙中，注满之后随即用塑料片在厚玻璃的两面刮平密封胶，并清洁溢到玻璃表面的胶。

8.5.5 清洁及成品保护

安装好后，用棉纱布和清洁剂清洁玻璃表面的污痕和胶，然后在玻璃表面做出醒目标识，以防碰撞玻璃发生意外。

8.6 镜面玻璃安装

镜面玻璃多用于室内装修，具有扩大空间、改变亮度、活泼气氛等特点。镜面玻璃常用有龙骨做法和无龙骨做法（即嵌压阀）。

8.6.1 基层处理

墙体表面的灰尘、污垢、浮砂、油渍、垃圾、砂浆流痕及飞溅沫等，清除净尽，并洒水湿润。如有缺棱、掉角之处，应用聚合物水泥砂浆修补完整。

墙体表面涂防潮层。墙体表面满涂防水建筑胶粉防潮层。非清水墙的防潮层厚 4～5mm，至少 3 遍成活。清水墙的防潮层厚 6～12mm，兼作找平层用，至少 3～5 遍成活。

基层面要平整无空鼓等现象出现，特别是纸面石膏板基层，更要详细检查，用靠尺逐块验收，发现问题要及时修整。

8.6.2 墙面定位弹线

按设计要求在墙面弹线，弹线清楚、位置准确；充分考虑墙面不同材料间关系和留孔位置合理定位。

8.6.3 安装龙骨、固定衬板

1. 木龙骨安装

木龙骨正面刨光，背面刨通长防翘凹槽一道，满涂氟化钠防腐剂一道，防火涂料三道。按中距450mm双向布置，用射钉与墙体钉牢。钉距450mm，钉头须射入木龙骨表面0.5～1mm左右，钉眼用油性腻子腻平。须切实钉牢，不得有松动、不实、不牢之处。

龙骨与墙面之间有缝隙之处，须以防腐木片（或木块）垫平塞实。全部木龙骨安装时必须边钉边抄平，整个木龙骨立面垂直度偏差（用2m托线板检查）不得大于3mm；表面平整度偏差（用2m直尺和楔形塞尺检查）不得大于2mm。如有不符之处，应彻底修正。

镜面玻璃木龙骨安装构造，如图8-9、图8-10所示。

2. 金属龙骨安装

钻孔安装角钢固定件：角钢固定件上开有长圆孔，以便于施工时调节位置和允许使用情况下的热胀冷缩；在混凝土或砌块墙上钻孔，用膨胀螺栓固定角钢固定件。当需要在钢结构柱或梁上固定时，不能直接将角钢固定件与钢结构相连，以免破坏原钢结构防火保护层。应在需要位置另行焊接转接件再与角钢固定件连接，并应恢复焊接位置的防火保护层。

将金属龙骨固定于墙体（实体墙或轻型墙体）上，金属龙骨的间距根据衬板规格和厚度而定。安装小块镜面多为单向，安装大块镜面可以双向，横竖金属龙骨要求横平竖直，以便于衬板和镜面的固定。钉好后要用长靠尺检查平整度。

3. 衬板安装

采用木夹板作衬板时，用扁头圆钢钉与金属龙骨钉接，钉头

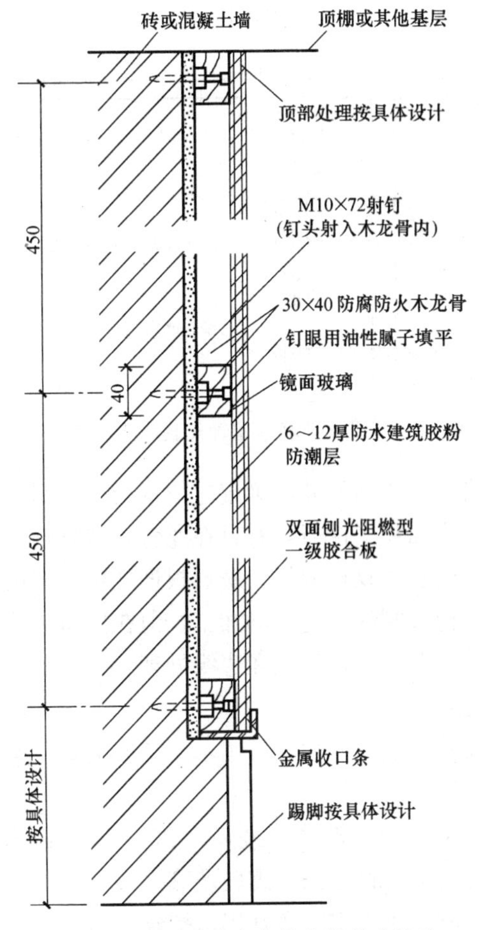

图 8-9　镜面玻璃木龙骨安装基本构造

要埋入板内。衬板要求表面无翘曲、起皮现象，表面平整、清洁，板与板之间缝隙应在竖向金属龙骨处。

8.6.4　玻璃镜面板安装

玻璃镜面板在施工前应贴保护膜，以防划伤镜面，镜面安装不宜现场在镜面板上打孔拧螺钉，以免引起镜面变形。

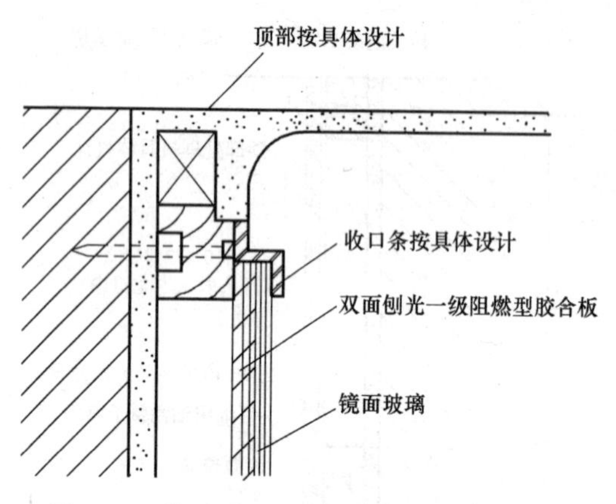

图 8-10　镜面玻璃木龙骨安装墙体顶部构造

玻璃分格块或压条尺寸的确定应依据设计说明和装饰面的面积的形式和大小面积来进行，并且在龙骨安装时就已确定，基层面施工完成后，进行复核放样。玻璃根据现场分割尺寸加工，如现场有条件进行裁割的，可现场加工，但在排布玻璃块时应从中心向边缘扩散，非整块玻璃放在边缘处理。

1. 嵌压法

嵌压式安装玻璃镜面板，可用木压条或金属压条固定。一般不需要龙骨和衬板。

如采用木压条固定玻璃，最好用 20～35mm 的射钉枪来固定，避免用普通圆钉钉压条时震破玻璃。

如采用金属压条固定时最好用木螺丝，如采用无钉工艺，可先用木衬条卡住玻璃后，再用万能胶将金属压条粘卡在木衬条上，然后用玻璃胶把金属压条与玻璃角部封严。

2. 玻璃钉法

用玻璃钉直接把玻璃固定在木龙骨或钢龙骨上，每块玻璃板上至少四个孔，且孔直径小于钉端头直径 3mm，孔位应均匀布置，孔心离玻璃边距离不得小于 4cm，以防应力集中而使玻璃的边角脆裂。

对于顶棚遇有阳角时（垂直面），玻璃面可采用角线托边、角线收边或护角方法。

3. 粘接与玻璃钉法

采用双重固定方法主要适用于大块玻璃。其安装要点如下：

（1）将饰面玻璃的背面清除污垢尘土，清除后再刷一层白乳胶，再用一张薄的牛皮纸贴在饰面玻璃背后，并用塑料片刮平整。

（2）分别在牛皮纸上和基层板面上涂刷万能胶，稍晾干后（约几分钟）当胶面不粘手时，把饰面玻璃按弹线位置粘贴到基层板面上，贴时用手抹压玻璃面，必须使其严密牢靠，避免有空鼓不实的现象。

（3）粘好后再用玻璃钉将每块饰面玻璃至少 4 点固定，装钉的方法同玻璃钉固定。

参考文献

[1] 第五版编委会. 建筑施工手册. 第5版. 北京：中国建筑工业出版社，2011.

[2] 第四版编写组. 建筑施工手册. 第4版. 北京：中国建筑工业出版社，2003.

[3] 中国建筑工程总公司. 建筑装饰装修工程施工工艺标准. 第1版. 北京：中国建筑工业出版社，2003.

[4] 周海涛. 装饰工实用便查手册. 北京：中国电力出版社，2010.

[5] 杨嗣信主编. 高层建筑施工手册（第二版）. 北京：中国建筑工业出版社，2001.

[6] 沈喜林主编. 建筑涂料手册. 北京：中国建筑工业出版社，2002.

[7] 韩实彬编著. 油漆工长. 北京：机械工业出版社，2007.

[8] 陈永编著. 建筑油漆工技能. 北京：机械工业出版社，2008.

[9] 雍传德、雍世海编著. 油漆工操作技巧. 北京：中国建筑工业出版社，2003.